理化学研究所　100年目の巨大研究機関

山根一眞　著

ブルーバックス

カバー装幀／芦澤泰偉・児崎雅淑
目次、本文デザイン／WORKS　若菜　啓
本文図版／さくら工芸社

はじめに

今から20年前の１９９７年秋、兵庫県の播磨科学公園都市に、理化学研究所（当時）がおよそ１１００億円を投じた「スプリングエイト（SPring-8）」が完成した。この「世界最高性能の放射光を生み出せる大型放射光施設」についてぜひ知りたかった。そこで、理化学研究所理事（当時）としてその開発・建設を指揮してきた上坪宏道（かみつぼひろみち）さんに会った。

「スプリングエイトは、原子や分子の世界を観察することができる装置です。施設の中心は、電子が光に近い速度に加速して走り続けている円周１４００メートルの蓄積リングです。完成直後にこのリングの円周の長さを測ったところ、１日に40ミクロン（１ミリの25分の１）ずつ伸びたり縮んだりしていました。その伸縮の原因は、お月さまの位置によってその引力で地盤が伸び縮みしているためでした。それがわかるくらい、精密に作った装置です」

当時、私は日本のものづくり企業の技術力の源泉を探る週刊誌連載「メタルカラーの時代」を続けていた（１９９１〜２００７年の約17年間、７８４回掲載）が、「スプリングエイト」のような超精密で巨大な科学研究のための装置が続々と登場し始めていた。日本のエンジニアたちは企業の収益を増大させる優れた製品を産み出していたが、「メタルカラーの時代」のインタビューでいつも気になっていたことがあった。画期的製品の多くが、欧米で発明された「科学的成果」を応用していることだった。そのため、日本は欧米をしのぐ基礎科学を拡充していかねばならないという思いが強くなっていた。世界最大、世界最強の放射光施設「スプリングエイト」は、そういう望ましい日本の「科学時代」の幕開けとなる象徴だと思えて、興奮がさめやらなかった。もちろん、それを作りあげたのは、日本の高度な技術ではあるが。

基礎科学の研究は目先の利益だけを目的とはしないが、将来、新しいパワフルな産業を興す可能性があることは、歴史が物語っている。その科学分野で大胆な計画を立案し、大きな資金を投じ、人材を着実に育てていくためには、そのための器である研究機関の力も大きくしていかなくてはいけない。「スプリングエイト」を創り出した理化学研究所は、そういう日本の明日を担う日本最大の研究機関なのである。

国もやっと、基礎科学の拡充に本腰を入れ、理化学研究所と物質・材料研究機構、産業技術総合研究所の3機関を「特定国立研究開発法人」に指定。2016年10月、3機関は、日本の「イノベーションシステムを強力に牽引する中核機関」として新発足した。とはいえ、そのひとつ、理化学研究所は2017年3月に創立百周年という大きな節目を迎えたものの、どのような研究者がどんな研究をしてきたのか、しているのかの一般の理解は十分ではない面がある。しかし、そこには日本の明日があるはずだ。そういう思いを抱いたブルーバックス編集部から、「100年目の理化学研究所の研究の全体を俯瞰して書いてほしい」という依頼を受けた。それは大事なことだと賛同し、取り組むことにしたのである。

ところが取材を始めて、それがきわめて無謀なことであることを知った。理化学研究所には研究室数がおよそ450もあり、当然のことだが、ひとつの研究室の取材だけでも数週間も要するほど深く幅広い。分野も多岐にわたり、しかも世界の最先端科学の世界ばかりだ。初めて知るテーマも多く、また、わくわくする研究、きわめて難解な研究に触れて何時間でも居座って聞き続けたい思いを何度も味わった。また、当然ながらインタビュー時間が無制限には得られるわけがなく、後ろ髪を引かれる思いで後にすることがしばしばだった。こうして埼玉県和光市の「理研本山」を皮切りに、兵庫県西播磨、神戸市、大阪府吹田市、横浜市、茨城県つくば市、仙台市と全国の拠点を駆け歩き、70人以上の研究者にインタビューを続けたのである。

本書は、理化学研究所の100年の歩みを念頭に、現場の研究者の証言をまとめたものだが、基礎科学の研究がいかにエキサイティングなものであり、その新たな「知」の創造に向かう日本力がいかに頼もしく、必要なものであるかを感じとっていただければと願っている。専門家の皆さんには「内容が不十分」と言われることは覚悟している。しかし本書は、科学の専門家ではなく、ごく一般の方にもわかる、中学生でも理解できることを想定して書き進めたことをお断りしておきます。

山根一眞

目次　理化学研究所　１００年目の巨大研究機関

第6章

第7章

第8章

第1章　113番元素が誕生した日

●108年目の悲願

２０１６年12月１日。

福岡市内のホテルで、日本の科学史にとって記念碑的な記者会見が行われた。

前日、埼玉県和光市にある理化学研究所（以下「理研」と略）に、日本が人工的に作ることに成功した「元素」の名が正式に認められたとの知らせが届いたのを受けての会見だった。

その名は「ｎｉｈｏｎｉｕｍ（ニホニウム）」。元素記号は「Nh」。

原子番号「１１３番」の元素だ。

元素を整理してまとめた「周期表」。

それは、英語でいえばアルファベット26文字に相当する科学の基礎中の基礎だ。だが、そこに埋め尽くされているすべての元素は欧米諸国によって発見がなされ、日本によるものは皆無だった。

日本人が新元素を発見したというエピソードは１９０８年（明治41年）にあり、43番目の元素に対して「ニッポニウム」という名が提唱されたことがあった。第４代東北帝国大学総長だった小川正孝さんがトリウム鉱石に見出した元素を「新元素」としたのだが、確証が得られず、「ニッポニウム」は幻の元素名として科学史から消えた。後にそれは、吉原賢二さん（東北大学名誉教授）の検証によって、周期表上では「43番元素」の真下に位置する、当時は未発見だった「75番元素（レニウム）」であることが確認されたのだが、精度の高い分析装置がなかったことなどから、日本人発見の初の元素の栄誉を逃してしまったのである。

その幻の「ニッポニウム」からじつに１０８年、化学や物理学の基本中の基本である元素の一覧に、日本が「ニホニウム」という新しい元素を加えたことは、26文字のアルファベットに新しい一文字を加えるのに匹敵する文化的な偉業であり、日本の科学界の1世紀以上にわたる悲願の達成だったのである。

記者会見場には、「ニホニウム」合成の理研チームを率いてきた実験核物理学者の森田浩介さん（仁科加速器研究センター超重元素研究グループ・グループディレクター）を初め、理研理事長の松本紘さん、仁科加速器研究センター長の延與（えんよ）秀人さん、超重元素分析装置開発チーム・チームリーダーの森本幸司さんらが並び、「新元素名正式決定・１１３・Nh・ｎｉｈｏｎｉｕ

fig 1.1　９年間、400兆回の衝突実験の末、ついに「113番元素」の合成に成功した喜びを語ってくれた森田浩介さん。（2016年10月16日、撮影・山根一眞）

m・ニホニウム」と大きく記したボードを誇らし気に掲げた。森田さんは体調をちょっと崩していたため、会見は地元（森田さんは北九州市出身で現在、九州大学大学院理学研究院教授）での開催となった。ニホニウムを記入した真新しい周期表を指さす森田さんの表情には、安堵感と達成感が入り交じったものがあると感じた。その挑戦を開始してこの日のゴールを迎えるまで、13年半を費やしたのである。

ちなみに「113番元素」の「合成」は、「発見」と言うこともある。これは、この元素が超新星の爆発の際に作られたものの瞬時に消滅した可能性もあり、その視点では「発見」になるからだ（「新元素」を作ることは、壮大な宇宙創生のシナリオを解く鍵になるという期待もある）。

●連続して2個を合成

元素の「周期表」は、中学の理科や高校の化学、物理で、誰もが一度は学ぶ。

私の高校時代には、その元素の順番を、「水兵離別バックの船、なーに間がある閣下はスコッチ、バクローマン」（水素、ヘリウム、リチウム、ベリリウム、ホウ素……、マンガン）と暗記した（この語呂合わせはバリエーションが多い）。周期表の元素の1番目は最も軽い水素（＝原子番号1）で、番号が増えるにしたがい重い元素となり、92番目（＝原子番号92）のウランまで続く。この92番目までが自然界に存在する元素だが、実験核物理学者たちは自然界には存在しな

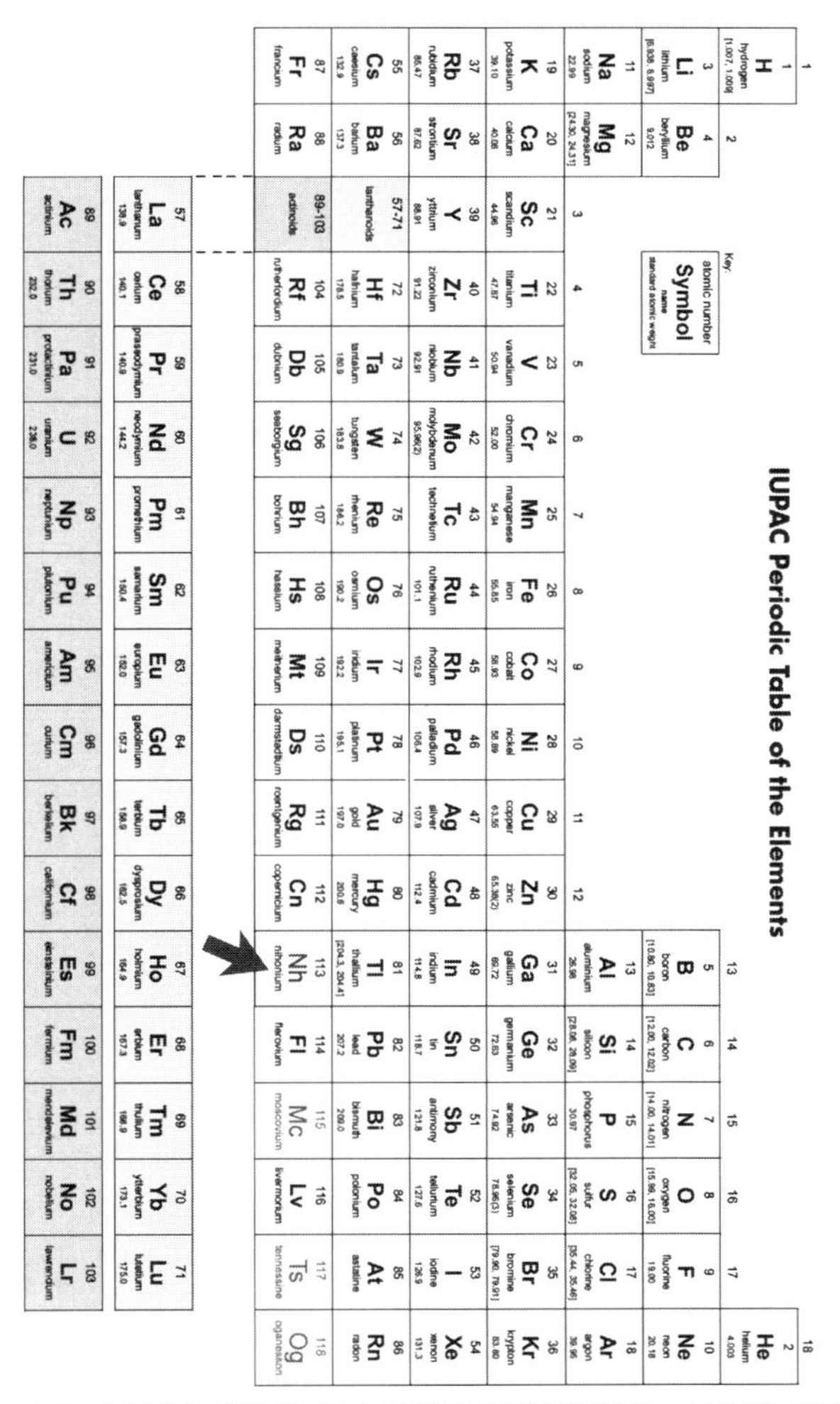

fig 1.2　IUPAC（後述）による最新の元素周期表。113番元素にNhの文字が輝く。

い、さらに上の番号の重い元素の合成に挑戦し続けてきた。

　森田グループが新元素を作り出すために使った装置は、埼玉県和光市の理研・仁科加速器研究センターの1階～地階にある「ＲＩビームファクトリー」の一部だ。ＲＩビームファクトリーは、打ち出した原子核を加速させる装置をいくつも連ねた多段式構造で、最後段部分では原子核を光の速度の70パーセントにまで加速できる。世界最強のビーム強度が得られる日本が誇る実験装置で、その最後段の加速器の重量は東京タワー２つ分に相当するというとんでもない規模だ。

　もっとも森田さんらが利用してきたのは、建屋の1階にある全長40メートルの線形加速器（ＲＩＬＡＣ（ライラック））だ。照射するビームの速度は光速の10パーセントと遅い。原子核同士を合体させるには、「そっとくっつける」必要があるからだ。

　このＲＩＬＡＣで加速された原子核（Ａ）を標的の原子核（Ｂ）にぶつけて原子核を融合させ、この世に存在しない、より重い新しい元素（Ｃ）を作ろうというのである（Ａ＋Ｂ＝Ｃ）。反応としては核融合になるが、ぶつける実験を続けても、合体してくれるのは1年にやっと原子1個という気の遠くなるような辛抱のいる実験なのだ。

　この装置を使い「１１３番元素」合成に挑む試みを開始したのは２００３年9月のことだ。

　新しい元素を作る実験は順調に進み、翌２００４年7月23日に合成に成功する。理研はこう伝えた。

fig 1.3　線形加速器RILAC（写真・理化学研究所）

これまで確認されている元素より、さらに重い113番元素の発見に成功しました。世界最高のビーム強度を有する理研線形加速器を80日間連続稼働させて得られた実験結果です。この発見は、中央研究所加速器基盤研究部（矢野安重基盤研究部長）の森田浩介先任研究員らの研究グループによるものです。

諸外国（ドイツやロシア）において、元素の存在限界を見極めようと超重元素の探索研究が進められてきています。今回、理研が確度の高い方法で113番を見つけたことにより、超重元素合成競争で世界をリードすることになります。（略）今後、複数合成して再現性を確かめるなどして、今回のデータを補強すれば、将来、113番元素の命名権があたえられる可能性があります。その場合、周期表に歴史的な成果として、明確に足跡を残すことになります。

このニュースリリースの最後には、この研究に参加したチームとして、理研、東京大学、埼玉大学、新潟大学、筑波大学、日本原子力研究所、中国科学院蘭州近代物理学研究所、中国科学院高エネルギー研究所の名が記され、また、新元素発見を可能にした加速器の性能増強では東京大学原子核科学研究センター（CNS）の協力を得たことが書き添えられていた。

●拒否された命名権

合成に成功したとはいえ、その成果を確認するために実験は続けられ、翌年、愛知万博の開幕直後の2005年4月2日、2度目の合成に成功する。いずれも合成できたのは「原子1個」のみだが「2年で2個」は見事な成果だった。

新元素の合成を手にした者には、2つの国際組織、IUPAC（国際純正・応用化学連合）とIUPAP（国際純粋・応用物理学連合）によって元素発見の優先権が、またその元素名の命名権が与えられるルールだ。また、元素発見の優先権を認定する権利は、この2組織が推薦した6人からなる合同作業チーム、JWP（Joint Working Party）が持っている。

そのJWPは、数年に1回、「新元素発見者は手を挙げよ」という「CALL」（募集）を出す。そこで森田さんのグループは、2006年に出た「CALL」に対して「2004年と2005年に各1個ずつ『113』の合成に成功した」と応募した。

この時、ドイツ、ロシアと米国の共同チームは、「117」を除く「112」〜「118」の6種の成果を提出している。このうち、ドイツが合成した「112」（原子2個）にのみ3年後の2009年に命名権が与えられたが、残念ながら日本の「113」は認められなかった。

「実は、我々は『112』もドイツと同じ手法を使い、2004年に2個の合成に成功していました。後追いとはいえドイツが2個なら日本も2個なので、こちらで命名権を半分もらってもい

いのではと『112』も『CALL』に入れたんですが、ダメでしたね」(森田さん)
かつて、「104」と「105」は、冷戦時代の旧ソ連と米国が「CALL」に手を挙げ認められ、両国が命名権を得たという前例があったため、あわよくばと「CALL」に応じたのだが願いはかなわなかった。
では、なぜ日本が「113」を2個連続で合成に成功したにもかかわらず認められなかったのだろうか。それは、この合成実験による結果が「十分ではない」と判断されたからだった。

●元素と原子

元素の本体である原子の構造は、中心をなす原子核と周囲を回る電子からなる。また、原子核は陽子と中性子が合体した塊だ。「113」はその原子核の陽子の数を意味している。まだこの世に存在しない元素は、異なる2つの原子核を合体させることで作り出す。

話が脱線するが、この「元素」と「原子」はよく混同される。「原素」や「元子」と書いてしまう人がいるのは論外だが、科学史の中でも定義があれこれ変わってきた経緯もある。化学事典の解説もわかりにくく、どうもスッキリしない。たとえば、『デジタル化学辞典・第2版』(森北出版)では、元素をこう説明している。

【元素　element】

物質を形づくるもっとも基本的な要素。厳密には化学元素(chemical elements)。同じ原子番号の原子によって代表される物質の種別名。（略）元素は物質の究極的な種別を表す抽象的概念であって、具体的な物質名ではないことに留意する必要がある。（以下略）

元素はある物質の概念。原子はその物質の本体。わかったような、わからないような話だ。

ここで強引なたとえをするならば、「日本」と「日本人」の違い、と考えてはどうかと思う。「日本」にはさまざまな「日本人」がいて、各人は性質も体格も異なる。しかし、どんな「日本人」であっても、その多様な人々を擁する国が「日本」であることに変わりはない。ここで、「日本」に当たるのが「元素」であり、「日本人」に当たるのが「原子」だ、と。

福島第一原発の原子力災害で人々を苦しめている放射性物質の代表である「セシウム」を例にとると、こうなる。「55番目の元素」である「セシウム（Cs）」には、41種の容貌や性質が異なる「原子」がある（同位体）。「日本」に当たるのが「セシウム」だが、「セシウムという日本人」は41種いる。

では、41種の違いは何か？　それぞれの原子の構造が異なるのだ。

基本物質の本体である「原子」は、１０００万分の１ミリほどの大きさで（０・１ナノメートル）、その中心にある原子核と周囲を回る電子からなる。梅干しであれば種に相当するのが原子核だが、その大きさは原子の大きさの約10万分の1だ。物理学者たちは「フェムトメートル」などと呼ぶ、とてつもない小ささだ。その原子核は性質のよく似た「陽子」と「中性子」という2つのモノからなる。ただ、陽子はプラスの電気を帯びており、中性子は電気的に中性。陽子の個数が原子番号であり、陽子の個数と中性子の個数を足したものを質量数と呼ぶ。

セシウムであれば、

原子核＝55個の陽子＋78個の中性子　質量数は55＋78＝１３３

これは安定したセシウムで「セシウム１３３」と呼ばれる。

ところが、原子炉の中の核分裂反応や原子爆弾の爆発によって、陽子と中性子の数がよりアンバランスなヤツができてしまう。原子力災害で人々を苦しめている「セシウム１３７」は、そういう不安定なヤツのひとつで、その原子核は55個の陽子＋82個の中性子でできている。この不安定なヤツが半分だけ安定した状態になるには、セシウムの場合では約30年かかるが（半減期）、安定したかたちになるには大きなエネルギーを放出する。

「日本」とくくることができる基本的な物質＝元素の数は、自然界では92種だ。世界には92ヵ国ある、というのと同じだ。それらを重さの軽いものから重いものまで順に並べ整理したのが、周期表なのである。

●出てくれ「アルファ崩壊」

話を元に戻そう。

森田チームの「113番元素」は、「30番元素」である亜鉛の原子核を「83番元素」のビスマスの原子核に照射して作る（核融合させる）ことを目指した。［陽子数30＋陽子数83＝陽子数113］という分かりやすい足し算ではある。

だが、こういう人工合成元素は、無理矢理合体させてもそのままの状態を長くは維持してくれない。合体から1秒も過ぎない間に原子核の「崩壊」が連鎖的に進み、いくつかの異なった元素に姿を変えながら、やがて安定した別の元素になるからだ。

重い原子核の「崩壊」には、主として「アルファ崩壊」と「自発核分裂」という2つのモードがある。どちらの崩壊がどれくらいの割合で起こるかは、原子核の種類ごとに決まっている。いずれのモードも、重い原子核が軽い原子核になっていく道筋を意味している。

ちなみに「アルファ崩壊」とは、重い原子核がアルファ粒子（ヘリウム4の原子核＝2個の陽子＋2個の中性子）を放出して、軽い原子核になることを指す。

「自発核分裂」のほうは、重い原子核が重い原子核片に分裂し、より安定した軽い原子核に変化していく道筋だ。

さて、森田グループが合成した「113番元素」は、4回の「アルファ崩壊」を繰り返した後、「105番元素（ドブニウム）」になることが分かっていた。そのドブニウムが、この後さらに、「アルファ崩壊」、あるいは「自発核分裂」のいずれかのモードで崩壊していく各確率も実験によって知られていた。「アルファ崩壊」は67パーセント、自発核分裂は33パーセントの確率でそれぞれ起こる。これら崩壊の道筋がきれいに記録・確認できれば、ごく短時間だが「新元素を作ったね」と、証明できるのだ。

森田グループによる2004年と2005年の合成成功では、いずれもボーリウムがアルファ崩壊を起こしていることで新元素の合成成功を確認していた。

「2年連続で合成できたんですが、根拠としているボーリウムからドブニウムへの崩壊が過去に1例しかないので根拠とならず、また、5回目の崩壊であるドブニウムの崩壊が、いずれも33パーセントという低いほうの確率で起こる自発核分裂であったため、『そのデータはおかしいんじゃないの』という指摘があったんです。たった2個の現象だから、そんなことが起こるのは珍しいことではないんですけどね」（森田さん）

「113番元素」2個の合成に成功したのに、命名権を得ることができなかったのは、ひとつには67パーセントの確率で起こるドブニウムの「アルファ崩壊」が得られていなかったからでもあった。

fig 1.4　仁科加速器研究センターにある森田チームの実験室内部（写真・理化学研究所）

そこで、２００５年以降、さらなる原子核の融合と、「アルファ崩壊」の瞬間を捉えることを目指して、亜鉛の原子核をビスマスの原子核にぶつける実験を延々と続けたのだ。

実験を続けるといっても、ひたすら「二度目の正直」で、たった１個の原子核が合成される「成果」を待たねばならない。

こうして衝突実験を続けたが、２００４年と２００５年に立て続けに合成に成功したのに、なぜかその後は合成がまったく起こってくれなかった。亜鉛の原子核をビスマスの原子核に衝突させ続ける日々が延々と続き、２０１２年を迎えたが、やはり、ぶつけて

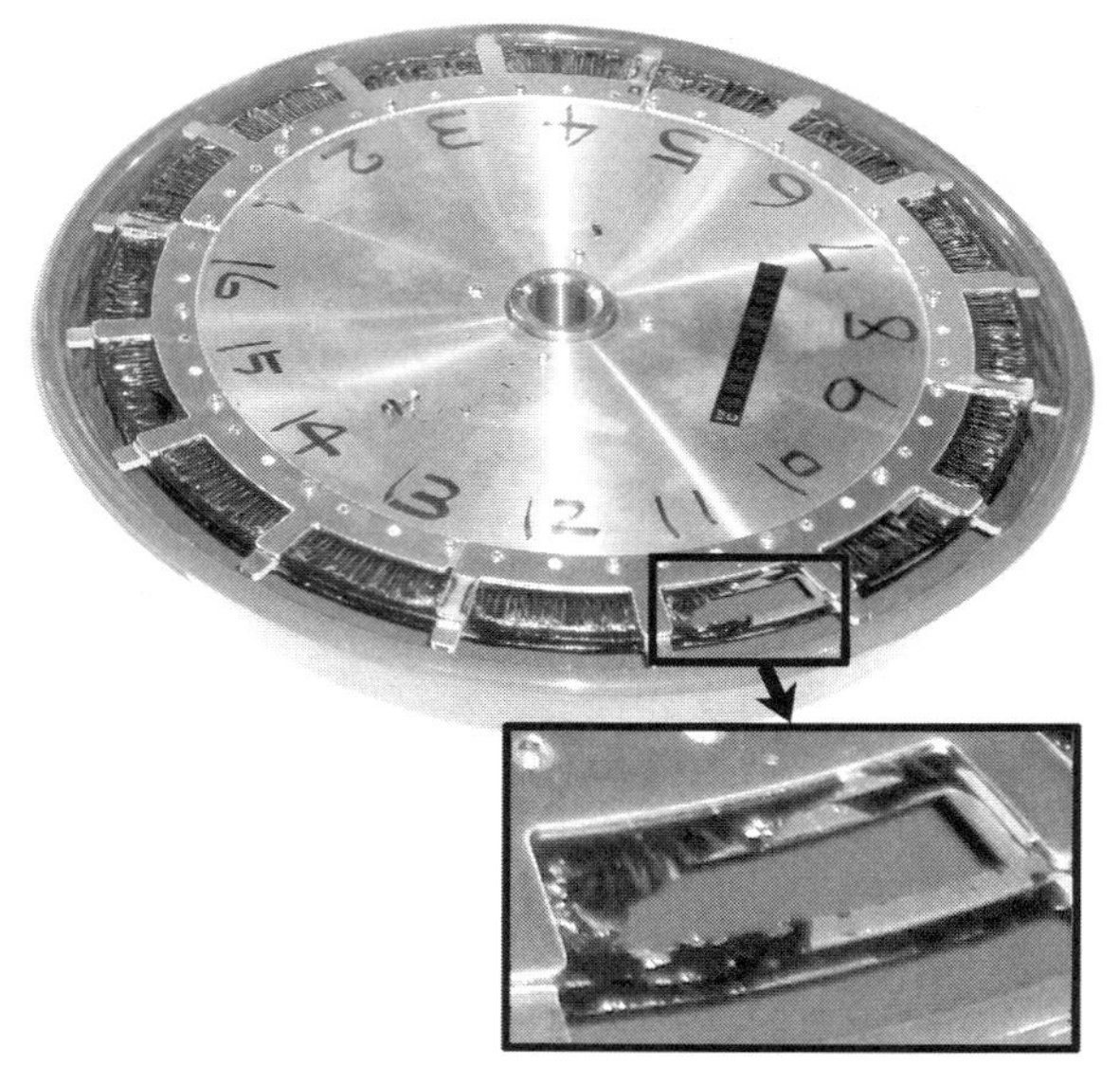

fig 1.5　亜鉛の原子核を衝突させるビスマスの薄膜（外周部）を貼った円盤。１ヵ所に照射し続けると穴があいてしまうため、高速で回転させているが、それでも一部には穴が（下拡大部）。（写真・山根一眞）

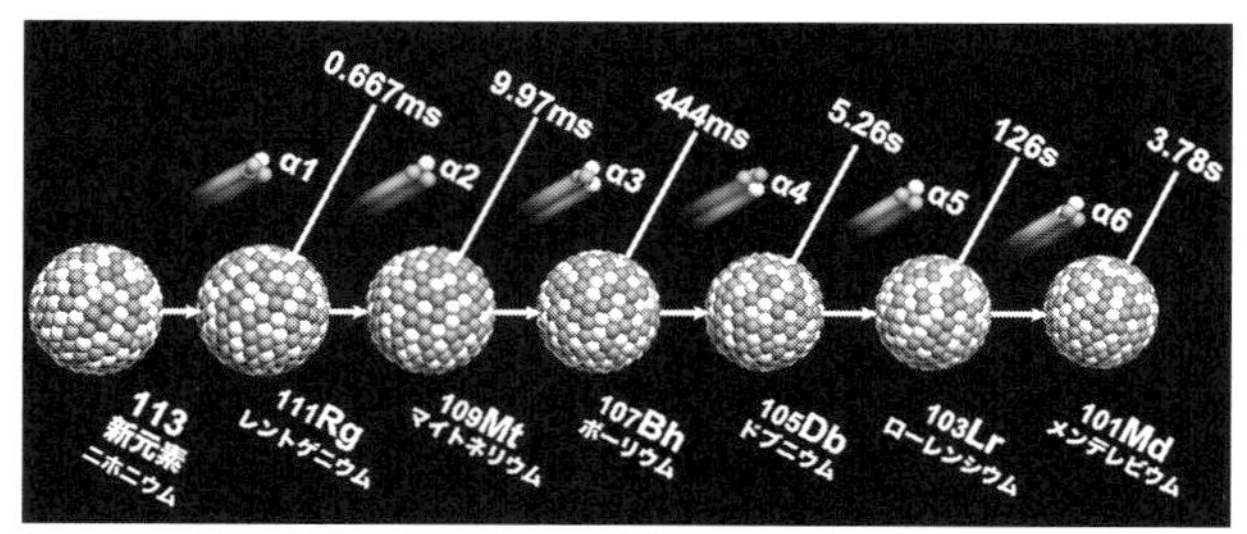

fig 1.6　113番元素がアルファ崩壊する過程
ms はミリ秒（1000分の１秒）、s は秒を表す。
（図・理化学研究所）

も、ぶつけても「１１３番元素」は出てきてくれなかった。

●運命的な日

成果が出ず悶々としていた森田さんのもとに、２０１２年10月1日からロシアのウラジオストクで「エキゾチック核（中性子が極端に多い不安定な核をもつ原子核）」の国際会議が開催されるという知らせが届いた。その主要テーマは「創造元素」という。森田さんはその会議への招待を受けたが、「7年も成果が出ていないのだから」と招待を断ることにした。じくじたる思いだった。

一方、久々に例の「ＣＡＬＬ」があった。締切日は5月31日だ。まだ「3個目」が出てはいなかったが、森田さんは新たな実験データを添えて2個での再エントリーをしようと手を挙げた。新たなデータとは、「１１３番元素」の3回目の崩壊でできる「１０７番元素」の「ボーリウム」を多数個直接合成し、そのアルファ崩壊連鎖を観測することで、ボーリウムが既知の原子核であることを証明したのだ。さらに「アルファ崩壊」してできるドブニウムが確かに33パーセントの確率で「自発核分裂」し、また67パーセントの確率で「アルファ崩壊」することを確認した実験結果だった。すでに見出していた「１１３番元素」の崩壊の道筋の正しさを証明するこの追加実験結果によって、「１１３番新元素」の優先権が得られることを期待したのだ。

その「ＣＡＬＬ」から2ヵ月半が過ぎた２０１２年8月18日の土曜日。

この日、埼玉県和光市の最高気温はおよそ30℃。前日と前々日が35℃を超えていたのと比べ、ちょっとしのぎやすかったとはいえ、記録的と言われた猛暑の夏の一日だった。

この日、理研でＩＵＰＡＰの一部門である「Ｃ‐12」の代表者会合が開催された。

世界の原子核実験分野の代表者二十数人が集まり、午前9時から討議が始まった。会議には参加しない森田さんは、この日は休日の予定だった。だがＣ‐12のメンバーから「実験施設を見学したい」という希望があったため、案内役としてラボで待機をしていた。

来日したＣ‐12のメンバーには、新元素の命名権付与の権利を有するＪＷＰの一人も含まれていた。2ヵ月半前に「ＣＡＬＬ」を伝えた6人のうちの1人だ。それだけに、森田グループが真摯に実験に取り組む姿をしっかりと見てもらういい機会だった。

午後1時過ぎ、Ｃ‐12の議長でもある仁科加速器研究センター・ＲＩＢＦ研究部門の酒井英行部長が、各国メンバーを率いてＲＩＬＡＣ棟にある森田グループの計測室に入ってきた。ところが、一行を迎える森田さんの様子に驚いた。

「あわわわわわ……」

言葉にならないことを口走るばかりなのである。

「何をあわてているんだ?」

「き、来ました！」

「え？　命名権でも来たのかね？」

「イ、イベントが来ました！」

「イベント」とは「事象が確認できた」という意味だ。つまり、新元素の合成が確認できたということだ。酒井部長に「落ち着け、落ち着け」と諭されるが、興奮は鎮まらない。

「アルファ崩壊が４回！」

７年間待ちに待ったあの悲願の「アルファ崩壊」を、たった今、確認したというのである。

あわてふためく様子を見ていた各国メンバーの中に、森田さんの友人であるフィンランドの研究者がいた。「１１３番元素」合成の決定的な確認に成功したと知った彼は、「コングラチュレーション！」と声をかけてくれた。

●事故でもあったのか？

それにしても、命名権の優先権を与えるキーパーソンが森田グループのラボに足を踏み入れる直前に、７年間待ちに待っていた成果がもたらされるとは、運命の不思議としか言いようがない。

この日の「１１３番元素」合成確認の経緯は、こういうことだ。

理研は翌日の8月19日（日曜日）、施設の定期点検のため計画停電が行われることになっていた。そこで、森田ラボのメンバーである東京理科大学の大学院生、住田貴之さんが停電に備える作業のためにラボに出たのだが、あわせて未解析のままだった1週間分の実験データの解析に手をつけたのである。そして、8月12日、ロンドンで開催されていた夏季オリンピック大会の閉会式の日に行った実験データに、「113番元素」の合成による「アルファ崩壊」ではと思われる部分を見つけたのだ。住田さんは、内線電話で森田さんに、

「『113』の痕跡と思われるものが出ています」

と、知らせてきたのである。

それは、間違いなく7年間待ちに待っていた3つめの「113番元素」だった。各国メンバーを迎えた時点では解析で出てきた「アルファ崩壊」は4段階のみだったが、実験施設案内を終えた頃には、引き続き行っていたデータ解析結果からさらに2回の「アルファ崩壊」が観測データに記されていることが分かった。ドブニウムが「アルファ崩壊」していたのだ！

そのドブニウムが「アルファ崩壊」してできた「103番元素（ローレンシウム）」がまた「アルファ崩壊」し、「101番元素（メンデレビウム）」に落ち着いたことも確認できた。完璧な成功だった。

このニュースは、すかさず研究所の重鎮たちに伝えられた。

「イベント」が得られた時には、しかるべき人々に知らせるための連絡網が作成してあった。森田さんから真っ先に朗報を聞いたのは、たまたま近くにいた、広報や国際会議を担当する仁科加速器研究推進室の大西由香里さんだった。大西さんはその連絡網にしたがい、自分の携帯電話で、まず、すでに帰宅の途についていた仁科加速器研究センターのセンター長、延與秀人さんを呼び出す。

「心を落ち着けて聞いて下さい。森田さんから大事な話がありますので」

延與さんは、とっさに「事故で、けが人が出たのか」と思ったというが、「113のイベントが出ました！」という知らせを聞き、急遽、研究所に戻ってきた。

「2004年と2005年には、『113』は約100日間の連続照射で出ていたんです。そのため3個目もあと100日程度の照射で出ると思い込んでいたが、200日でも300日やっても出なかった。7年間の実験で照射した合計時間は約360日。それでやっと出たんですよ。しかもドブニウムは『アルファ崩壊』した。もう頭がおかしくなりそうでした」（森田さん）

この日の夜、ラボの計測室に集まった仁科加速器研究センターの重鎮たちは、祝杯をあげ続けた。

「死ぬほど飲んだので、何時までいたか記憶にないなぁ」（森田さん）

●宝くじより低い確率

翌8月19日、日曜日。

森田さんはひどい二日酔いに見舞われていたが、すぐ論文にとりかかる。世界の他のチームに先んじて成果を公開しなくてはならない。日本初、アジア初の「新元素の命名権」がかかっている。8月20日の月曜日から22日の水曜日まで、理研は東日本大震災後の節電対策のためもあり一斉休業が義務づけられていたが、森田さんは水曜までたった一人、ラボに籠もり、英文で「113番元素」合成成功の論文をまとめあげ、日本物理学会の英文誌に投稿した。

「どうして海外の著名学会誌ではなく日本の学会誌かとよく聞かれるんですが、おこがましいかもしれないが、僕は、いい論文は日本の学会誌に出したい、日本の学会誌を盛り上げたいと考えて、これまでも英文版の日本物理学会誌に投稿してきたんです」（森田さん）

この論文は9月27日の木曜日にオンライン公開された。

この日、森田さんは元素命名権を持つＪＷＰの構成員、全6人にメールで「命名権を考慮してほしい」と伝え、この論文も添付した。それは、5月31日に提出した「ＣＡＬＬ」のいわば追加申請だった。

9月25日、火曜日。この成果は、理研の東京連絡事務所で記者発表されたが、森田さんらと会見席に並んだ理研の野依良治理事長（当時）は、こう語っている。

「１００を超える元素のうち我が国で発見されたモノが一つもないというのは、科学技術立国の日本としては大変残念なことでした。しかし、森田グループが『１１３番元素』の３度目の合成に成功し、非常に説得力のある成果を得たことで、日本の研究者が初めて元素の命名権を得ることに近づきました。これは我が国の科学者の悲願でもありました」

この日の記者発表内容の記事解禁日は、オンライン論文の公開日時である27日午前０時以降としたが、何ということか、26日に自民党総裁選があり、その「大ニュース」の余波だったのだろう、この世紀の大成果を大きく報じ続けるメディアはきわめて少なかったのである。

●東日本大震災の余波

森田さんは、10月１日からウラジオストクで開催される国際会議は先に欠席を伝えていたが、イベントが出たので、「スピーチができなくてもいいので」と伝え参加した。しかし会議では、「１１３番元素」の論文について正式に口頭発表する機会を与えられ、参加者からは大きな賛辞が寄せられた。その大きな賛辞は、長年にわたり忍耐強く実験を続けたことへのねぎらいもあったろう。「１１３番目の元素を手にする確率は宝くじに当選するより小さい」（森田さん）ほど大変な仕事だったのだから。

「１秒間に２兆４０００万個の亜鉛のイオンビームを、ビスマスの薄膜（厚さ１万分の５ミリ）

に照射し続けるんですが、ビスマスの原子核に衝突してくれるのは１００万分の１のみ。しかも両者は、触れたくらいでは合体してくれないんです。軽い原子核どうしなら表面に触れあっただけで１００パーセント融合してくれるが、超重元素（原子番号が大きい）の原子核どうしでは、芯と芯がぴったりと一致しないとダメです。１秒間に３００万回の衝突を２００日間続けても、合体してくれるのは１個だけ、というくらいヒット率は小さいんです」（森田さん）

実験はこういう気の遠くなるような衝突を続けるだけではない。

１０００万分の１ミリのさらに約10万分の１という極小サイズである原子核を、１個だけ検出しなければならないのだ。そのためには、広大な砂漠の中からたった１粒の砂を探すような、気が遠くなるような精度の分析装置が必要だ。

その仕事には、森田さんが苦労の末に設計した重量が40～50トンはあるという「ゾウリムシ型」の巨大装置ＧＡＲＩＳ（ガリス）（気体充填型反跳分離器）を使った。ＧＡＲＩＳは、１秒間にぶつけた２兆４０００万個のうち、約10個だけふるい分けて、目的とする１１３番元素を半導体検出器に導くことができる分離器だ。

ＧＡＲＩＳは巨大な磁力を発生させた空間にヘリウムガスを満たした構造で、飛んできた原子核は幅15センチメートルほどの曲がった通り道を進むことで、望むものを集める仕組みだ。森田さんの功績は、このへんてこなカタチをしたＧＡＲＩＳの開発も大きい。

２００４年７月と２００５年４月に、それぞれ狙う原子核１個を作ることに成功したが、ドイツの重イオン科学研究所（ＧＳＩ）を中心とするチームも「１１３番元素」を狙っていたため、ハラハラする日々の連続だった。

２０１１年３月、東日本大震災による電力の大幅な使用制限は、新元素探査にとって大きな危機だった。なにしろ、たった１個の原子核を得るために、加速器とＧＡＲＩＳは２メガワット（＝２００万ワット）もの電力が必要だからだ。あの電力危機の日々、理研の他の研究チームは、それぞれ実験を止めて電力を節約し、コジェネ（自家発電装置）からの電気を森田グループの実験にまわしてくれたという。それでも、２０１２年８月18日に劇的なイベント（成果）を得るまでの延べ照射日数は５７０日を超え、亜鉛原子核の照射は実に４００兆回におよんでいた。

森田さんが突貫で書いた「１１３番元素」合成成功の論文の共著者は39人だが、９年間にはさらに多くの研究者が参加している。森田さんらが深夜まで記憶を失うほどの祝杯をあげ続けたのは、忍耐としかいいようのない日々を経験して得た成果の喜びがいかに大きかったかを物語っている。

●あなたならできるよ

新元素を創り出したことは科学分野での「日本力」を物語るが、一般には難解な世界だ。

そこで理研・広報室は、お堅い基礎研究所とは思えない、一般の人でも理解できる大胆な企画を立てた。森田さんの「生い立ちから発見に至るまでの道のりを紹介する」マンガ『113番目の元素」合成の最後の決め手」を手にする前の段階までだが）。

このマンガには、森田さんと美栄子夫人との出会いのラブストーリーもしっかりと描かれていてほほ笑ましい。森田さんは、「あのマンガは2004年当時の武田健二理事の発案だったので……」と、恥ずかしそうな顔をしたが、科学者の努力や発見がいかにもたらされるのかに加えて、家族の支えがどれほど大事かを伝えている内容で、若い科学者たちにとっても励みになったに違いない。もっともこのマンガの公開日が東日本大震災直後の2011年3月25日であったため、この画期的なマンガを伝えたメディアもほとんどなかった。

このマンガには、「113番元素」の合成を目指す実験を始めた2003年当時の森田さんと美栄子さんのこんなやりとりが描かれている。

来る日も来る日も森田ら研究チームは実験を繰り返していた。

「ごめん…今日も帰れそうにないんだけど…」

「ええ!? 聞いてないよ!! 帰ってこられるって言ったのに!」

fig 1.7　森田さんの研究人生とラブドラマ、そして「113番元素」挑戦を描いた理化学研究所発行のマンガ。

「……」
「怒って…る…？」
「ううん　大丈夫…あなたならできるよ」

森田さんは、この美栄子さんの「あなたならできるよ」というひとことがどれほど励みになったか、と述懐している。

そして、美栄子さんの励まし通り、１回目、２回目の「113番元素」の合成に成功。この年の12月６日、森田さんは「新超重113番元素の合成」で仁科記念賞（仁科記念財団）を受賞する。「原子物理学とその応用に関し、優れた研究業績をあげた比較的若い研究者を表彰することを目的」とした賞だ。

「東京會舘での受賞式のために家内とスーツを新調し、池袋の東武デパート内の写真館で初めて２人で記念写真を撮ったんです」（森田さん）

２人で臨んだ受賞式の後、美栄子さんは卵巣がんでがん研有明病院に入院した。翌年、手術を受け退院できたが、がんは２

007年6月に再発する。

「再発が分かってからは積極的な治療はしなかったんです。家内にとっては抗がん剤治療が苦しかったんでしょうね。がんは、積極的治療をしないと結構ぎりぎりまで普通の生活ができるんです。そのためいっしょにイギリスでの国際会議に行ったりしていました」

2008年5月、美栄子さんが再入院してからは、森田さんは泊まりこんでいた病院から和光市の理研に通い続けた。「113番元素」のもう一手がまだ得られていなかった7月17日、美栄子さんは52歳で他界した。

九州在住の美栄子さんに、毎日3000円分のテレフォンカードを使って1ヵ月間ラブコールをし続けた「努力」が実り、1987年3月にゴールイン。しかしそれからわずか21年目の訣別だった。あの東武デパートで撮影した写真が遺影となった。

研究者が成果を手にするまでには、誰もが同じように家族の大きな支えを得ているに違いない。最愛の伴侶を失った森田さんが少し元気を取り戻すまでには、「1年？　いやそれ以上……」と言葉少なに語ってくれたが、美栄子さんの励ましは「実験条件を変えたくなる誘惑」にも負けない力になったようだ。

森田さんが『化学と工業』（2012年11月号、Vol.65、公益社団法人日本化学会刊）に寄稿した『理化学研究所において113番新元素の合成と確認に成功』の中にこういう記述がある。

この実験だけに限っても2003年以来9年以上の年月が経っている。ビームを照射した延べ日数は570日を超える。（略）100日やって出なかったらどうするか？　さらに100日やるだけである。実験条件は変えられない。（略）イベントに飢えると実験条件を動かしてみたくなる。（略）筆者とともに共同研究者はこの誘惑に耐え続けた。（略）イベントがほとんどなく、長く単調な実験を、決して手を抜くことなく準備し、遂行してきた共同研究者に深く感謝している。

間違いなく合成に成功した「１１３番元素」には、「ウンウントリウム・Ｕｕｔ」という仮称がつけられ、いくつかの周期表には「Ｊａｐａｎ」として記載されたが、肝心の「命名権を与える」という知らせはなかなかなか届かなかった。

●究極の元素合成へ

確実な合成成功から3年４ヵ月以上が過ぎた。

いったい、どうなっているのだ、「命名権」の知らせは今年もダメだったかという思いで迎えた大晦日。

なんと、２０１５年12月31日の早朝に、「１１３番元素」の命名権が与えられたという大ニュ

fig 1.8　表に出ることがないが、実験施設の製造、メンテナンスを担うメーカーや理研エンジニアの貢献も大きかった。

ースが飛び込んできたのだ。この知らせを受けた私は、「日経ビジネスＯＮＬＩＮＥ」の編集部へこの大ニュースを書いて送り、除夜の鐘を聞きながら校正を戻し、午前0時を過ぎた元旦一番に私の連載コラムで公開された。緊急ニュースを書くことは巨大災害や大事故では若い頃に経験しているが、こういう朗報をこれほど切羽詰まった中で、ドキドキしながら書いたことはなかった（大晦日に対応してくれた編集部には深く感謝している）。

次の関心は、日本が提唱した元素名と元素記号がどうなるか、だった。

「ジャポニウム」「リケニウム」などが噂にのぼったが、またもや1ヵ月過ぎても2ヵ月過ぎても、動きがないのだ。もう半年が過ぎたのに、どうなっているんだと思い迎えた2016年6月8日。理研から、「今日の22時30分頃、日本が提唱した名称と元素記号がＩＵＰＡＣ

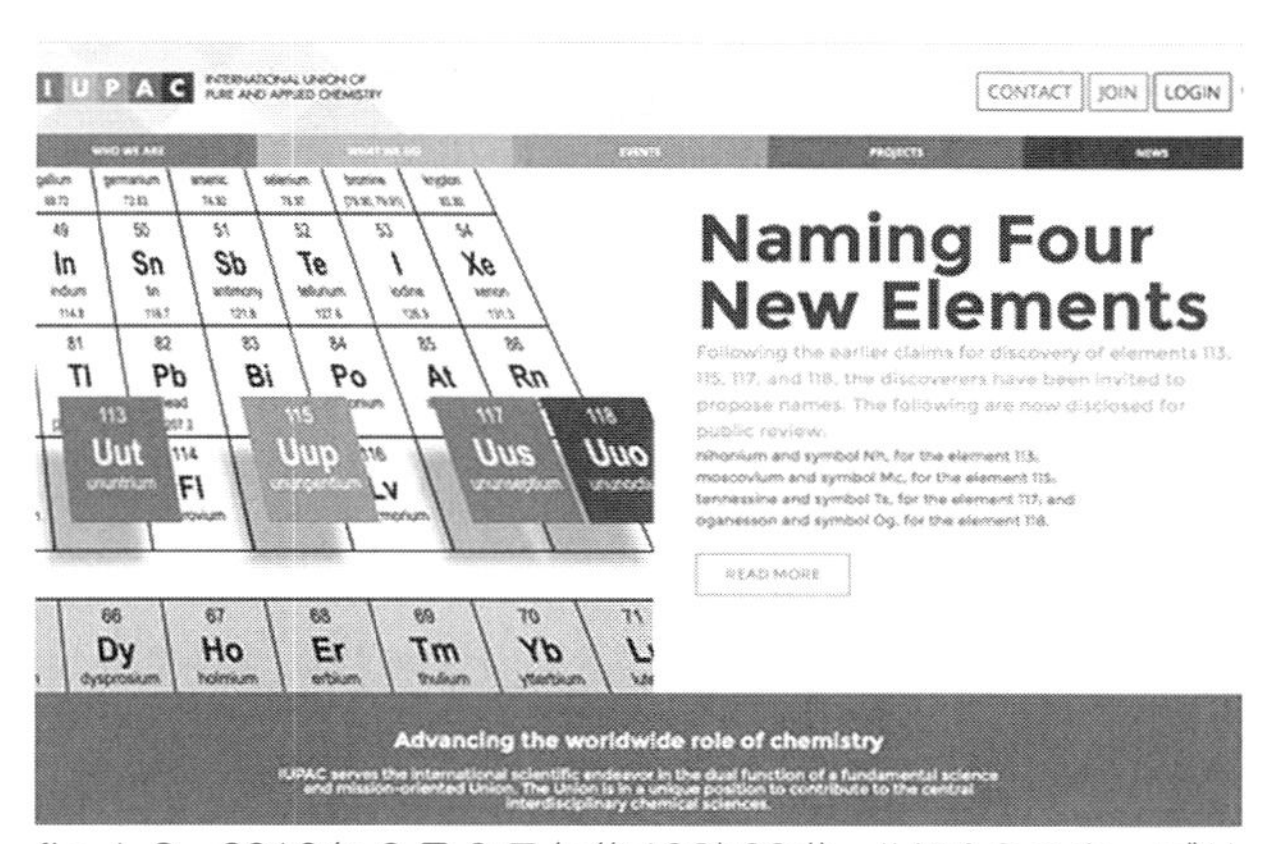

fig 1.9　2016年６月８日午後10時30分、IUPACのウェブサイトに４つの新元素の名称を告げるページが出現した。

（国際純正・応用化学連合）のウェブサイトで発表される」という知らせが届いた。私はパソコンをＩＵＰＡＣのウェブサイトに繋ぎっぱなしにして画面が更新される瞬間を待った。

そして午後10時半過ぎ、１１５、１１７、１１８番元素とともに「１１３番元素」の名として、「ニホニウム」と元素記号「Nh」が表示された。

同ウェブでは、日本による「１１３番元素」の命名について、「Ｎｉｈｏｎｉｕｍ」は「日出ずる国・ニホン」に由来すると説明。また、これによって福島第一原発の原子力災害で失った日本の科学への誇りと自信を取り戻してほしいという意味のメッセージも記されていた。

早速、森田さんへお祝いのメッセージを送ったところ、すぐに返信があった。

森田浩介です。

以前山根さんに書いていただいた記事には、私の熱さと山根さんの熱さが共鳴したような気にさせられ、大変うれしかったです。

ありがとうございます。

3月にIUPACに提案しておりました、我々の思いを込めた元素名「ニホニウム」をやっと口に出していうことができることに喜びを感じると共に、ほっとした気持ちもしております。

真摯に自然に向き合い基礎科学の研究を行う中で、時として一般の方にもわかりやすい形の成果を出せることは大きな喜びです。

このような活動を通じて、科学に対する国民の皆様の信頼性が得られますならば、大変うれしく思います。

「Ｎｉｈｏｎｉｕｍ」の命名が公開されたものの、それに対しての意見を募るため最終的な「確定」にはさらに半年がかかり、やっと２０１６年11月30日、周期表に「１１３番元素」記載が発表されたのである。これほど時間をかけた厳密な手続きが行われたことは、周期表がまさに科学の基礎中の基礎であることを物語っている。

「１１３番元素」のプロジェクトは２０１２年10月1日に終了したが、その直後に森田さんを訪

fig 1.10　新たな元素合成を目指し新開発した巨大検出器 GARIS-2（写真・山根一眞）

ねた時には、すでに「１１９番元素」など次の合成（発見）に向けての実験が始まっていた。

そして、さらなる課題、究極の挑戦も。

「１０１〜１０３番元素」は重元素、「１０４番元素」以降は「超重元素」と呼ばれる。数字が大きくなるほど「重い」が、理論上の限界は「１７２番元素」あるいは「１７３番元素」だという。森田さんは、次の世代が、その「究極の元素」を手にしてほしいと願っている。

「１１３番元素」は、１０００分の２秒後には別の物質に変わってしまうので、社会に役立つ元素ではない。それを売って儲けようというものでもない。しかし、カネという尺度では測れない、永久に科学史に記される価値、栄光を、森田チームは、理化学研究所は、日本は手にした。その仕事の尊さを知った多くの若い世代が、わくわくする思いで科学への道を選ぶことにつながるに違いない。それが、ひいては日本の国力、そして新たな富の源泉にもなる。これが、理化学研究所が百年にわたり培ってきた科学の道なのである。

第2章 ガラス板の史跡

●ふえるわかめちゃん

２００７年７月、新潟県柏崎市の北東20キロの日本海、中越沖の地下17キロを震源とする巨大地震が発生した。マグニチュード６・８。新潟県中越沖地震だ。建物の被害は、柏崎市内だけでも全壊から一部損壊まで合わせ2万７０００棟におよんだ。

この柏崎市にある自動車のエンジン部品、ピストンリングを製造する剣工場でも、約１３００台の製造機械のうち約５００台が転倒したり大きく移動するなど「ぶっ飛んだ」。ピストンリングの製造は完全に止まり、エンジンの重要部品の供給が断たれた日本のほぼすべての自動車メーカーも製造ラインが止まってしまう。この会社がピストンリングの製造を始めたのは戦前の１９２７年（昭和2年）だが、新潟県中越沖地震発生時には1ヵ月に３０００万本のピストンリングを各メーカーに供給する規模に成長していた。その生産再開に向けて、日本のほぼ全自動車メーカーのエンジニアがこの工場に駆けつけ、のべ8000人による猛然たる復旧作業の結果、わずか1週間で生産を再開した。このドラマチックな支援活動を当時の社長、小泉年永(としなが)さんに聞き、感動したことが忘れられない。

1976年(昭和51年)、日本の食卓に新しい即席食材が登場した。味噌汁に振り入れるだけで味わえる乾燥わかめだ。40年以上のロングセラーを続けているその商品の名は、「ふえるわかめちゃん」。このメーカーは、1949年(昭和24年)に真空技術から生まれた「分子蒸留法」と呼ぶ工業的濃縮技術によって天然肝油から抽出したビタミンA剤を発売したことに始まっているが、家庭用の乾燥わかめフレーク「ふえるわかめちゃん」のヒットをテコに、幅広い食品を製造するメーカーへと成長した。

あらゆるオフィスに欠かせない、コピー機能を中心とした複合機などを生産、さらに幅広いオフィスサービスを手がけ、連結売上高2兆円を超える(2016年3月期)企業がある。その創立は1936年(昭和11年)。紙への印刷はインクによる、という常識を破る光や熱によって文字や画像を描き出せる新技術、陽画感光紙の製造で始まった企業だ。

ピストンリング、ふえるわかめちゃん、オフィス機器を製造する3つのメーカーは、一見、何の関係もないように思えるが、いずれもそのルーツは同じなのである。それは、社名が物語っている。ピストンリングは「株式会社リケン」、ふえるわかめちゃんは「理研ビタミン株式会社」、オフィス機器は「株式会社リコー」（発足時の社名は理研感光紙）。いずれも、理研から生まれた企業なのである。ちなみに、今でも理研に「ピストンリングを売ってくれ」という問い合わせメールが入ることがあるという。これら理研にゆかりのある企業は、１９８７年（昭和62年）に理研と産業界の交流を促進する目的で「理化学研究所と親しむ会」を発足。理事会員企業10社、賛助会員企業１０５社による活動は今も続いている。

●大胆な改革

理化学研究所は、１９１７年（大正６年）3月20日に、財団法人理化学研究所として発足した。欧州で第一次世界大戦が勃発して3年目、ロシアではロマノフ朝による帝政が崩壊した直後の時代だ。

理研設立の牽引役は、工学・薬学博士の高峰譲吉（たかみねじょうきち）（１８５４～１９２２）だった。１８９０年（明治23年）に渡米した高峰は、後に世界で広く利用されることになる消化剤、タカジアスターゼ、そして副腎髄質から分泌されるホルモン、アドレナリンの製造法の開発者であり、「日本が生んだ偉人の一人」と言われる。高峰は米国時代の経験から、「これからの世界は理化学工業の時代になる。日本が理化学工業によって国を興そうというのであれば、その基礎である理化学の研究所を設立する必要がある」と熱く説いた。

当時の日本の工業は欧米の模倣によって成り立っており、独創性に乏しかった。欧米には、巨大な基礎科学の研究所があり、そこで生まれる成果をもとに力ある工業を育て富を得ている。日本も、欧米に負けない大規模な理化学の基礎研究所を作るべきだと訴えたのである。

そして、日本を代表する科学者たちとともに構想を煮詰め、実業家や三井、三菱などの財閥から資金を集め、さらに政府に働きかけ、国庫から補助金を得る法整備もなされた。こうして、東京の駒込に4万平方メートル（約1万2100坪）の土地を得て理研設立を果たす。

当時の設立目的には、「人口が多いにもかかわらず工業原料や資源に乏しい日本は、学問の力によって産業を育て、国の発展を目指すしかない」という趣旨の言葉が記されている。モノとしての「資源」には乏しい日本だが、人、そしてたゆまぬ科学の発展を富の「資源」とすることはできる、その科学の道を目指そうというのが、理研発足の精神だった。

だが、発足の翌年に第一次世界大戦が終結、それによる戦後不況によって資金難に直面する。

1921年（大正10年）、42歳の若さで理研研究員から所長に抜擢された造兵学者で貴族院議員でもあった大河内正敏（おおこうちまさとし）（1878〜1952）は、2本柱からなる大胆な理研改革を断行した。

その第一は、すべての研究員に同等の権限を与えて自由な研究ができる研究室制度を作ることで、14の研究室が新設された。第二は、研究成果の産業化だ。理研で生まれた特許や実用新案を

fig2.1　東京市本郷区駒込に設立された財団法人理化学研究所の１号館（写真・理化学研究所）

もとにした企業を数多く設立し、それらの企業からの特許実施料を収入源として、研究費にあてるという構想だ。

その成功例として、抗生物質ペニシリンと並び語られてきたのがアルマイトだ。アルミニウムは空気に触れると薄い酸化皮膜が自然にできるが、それはとても薄く微細な穴があいているため（多孔性）、汚れや傷がつきやすい欠点があった。この問題に取り組んだ理研の鯨井恒太郎、瀬藤象二、宮田聰らのグループは、欠点である無数の穴がない表面処理法を発明する。「実験の失敗」によってもたらされた思いがけない成果だった。理研は特許を関連業界に提供する一方、理研アルマイト工業を起業。弁当箱の素材として人気を集めたが、その技術は印刷や機械工具、建材などで欠かせないものとして、今日にいたっている。

同様に理研の研究開発をもとに続々と企業が誕生、「理研コンツェルン」（のちの理研産業団）と呼ばれ、その数は63社、121工場におよんだ。1939年（昭和14年）にはそれらの企業からの収入が研究費の82パーセントを占めるまでになった。

ピストンリングのリケン、オフィス機器のリコー、ふえるわかめちゃんの理研ビタミン、さらに理研計器、旧・理研酒工業（後に協和発酵が吸収合併、現在の協和発酵キリン）なども、この理研の大胆なマネージメントで生まれたのである。

この大河内イズムは現在の理研にも引き継がれている。理研の研究成果をコアとする起業に対して理研が認定する企業群「理研ベンチャー」がそれだ。世界で初めてイヌのアレルギー物質（IgE）の検査を可能にした研究成果をもとに２００７年に発足した動物アレルギー検査（株）、遺伝子型の全自動解析装置などを生産する（株）理研ジェネシス（２００７年）、２０１６年からしばしば大きく報道されている加齢黄斑変性（眼の網膜の病気）のiPS細胞による治療では、iPS細胞から作った（分化した）RPE細胞を医薬品として提供する（株）ヘリオス（２０１１年）などはその代表例だ。

「理研ベンチャー」以外にも、理研の成果を製品化した企業は多い。複数の企業が製品化を進めている殺菌、浄水から医療まで幅広い応用が期待される最短波長・高効率深紫外LEDはその一例だ。また理研と産業界が連携して開発に取り組む例も多々あり、遺伝子検査システム研究チームはパナソニックヘルスケア（株）と（株）ダナフォームとのコラボを行ってきた。２００７年から２０１５年まで続いた介護支援ロボットなどの開発研究を行った理研と住友理工（株）のコラボによる「理研‐住友理工人間共存ロボット連携センター」（名古屋市）も話題となった。

●史料室のお宝

大きな裁量権を与えられた創成期の研究室には優れた科学者たちが招聘されたが、そこではどんな研究が行われていたのだろうか。

理研史料室に広報担当の富田悟さんを訪ねたところ、「ぜひ、見せたいものがある」と机の上に置いたのは古びた木箱だった。木箱には「西川のX線原版」というラベルが貼ってあり、蓋を開けると手のひらほどのサイズのガラス板がびっしりと並んでいた。このガラス板は感光剤を塗布した写真のフィルムと同じようなもので、X線が当たった部分が感光し像を記録する。

２０１２年、国連は２０１４年を「世界結晶年」に制定、日本の結晶学会でも多くの記念行事が行われたが、東京大学教授で、理研の播磨研究所にある放射光科学総合研究センターの可視化物質科学研究グループ長、そして国際結晶学連合国内委員会委員長でもある高田昌樹さんが、「結晶年にふさわしいもの」をこの史料室で探し、発見したのがこの木箱なのだ。

「結晶」と聞くと、水晶のような美しいかたちをしたキラキラしたものが思い浮かぶが、「結晶」とは物質を構成する分子や原子が規則正しく並び立体を作っている状態のモノを指す。生命の設計図であるＤＮＡも、４つの分子が規則正しく連なった「結晶」だ。

その結晶構造が見られるようになったのは、「X線回折現象」という方法が確立してからだ。この方法をもとに発展した「結晶学」は、現在までに48人ものノーベル賞受賞者が出ているほど大事な科学分野なのである。その「X線回折」の開祖は、ドイツのマックス・フォン・ラウエ（１８７９〜１９６０）であり、イギリスのヘンリー・ブラッグ（１８６２〜１９４２）とローレンス・ブラッグ（１８９０〜１９７１）父子だ。それぞれ１９１４年（大正３年）と１９１５

fig2.2　理研史料室で発見された西川正治による153枚のX線回折像のガラス乾板が入った木箱とそのうちの１枚（写真・山根一眞）

年（大正4年）にノーベル物理学賞が与えられている。2014年は、ブラッグ親子の受賞から100周年にあたるため、「世界結晶年」とされたのである。

木箱に入っていたガラス乾板の1枚を取り出して見たところ、ガラス上に写っていたのは星のように見える黒い斑紋で、英文メモには「1913年（大正2年）9月18日・雲母（日本）・1時間30分」と記されていた。撮影したのは理研研究員で結晶学者の西川正治（1884〜1952）だが、これらは西川が理研に入所する前の東京帝国大学時代に撮影されたものだった。

高田さんは、このガラス乾板は153枚あり、X線回折像写真のデータは1913年〜1914年（大正2〜3年）にかけて撮影されたもので「結晶構造因子の計算式が書かれたオリジナルノート」も見つけたという。カエルの筋肉の撮影に挑戦した写真もあったが、「カエルの筋肉のX線像は1920年代後半にイギリスで初めて撮影された」という定説を覆し、西川がそれより10年も早く取り組んでいたことも明かになった（「日本における世界結晶年；IYCr2014」日本結晶学会誌第56巻第6号、2014年による）。

●原子を知る手がかり

この撮影の3年後、西川は理研の設立とともに研究員補となったが、モノを原子や分子のレベルでとらえる理研の研究は、後の「113番元素」の合成などにもつながっている。また、細胞や遺伝子など生命体を分子や原子のレベルで見る仕事も今日の理研の大きな柱だが、その取り組みが理研発足時にすでに始まっていたことも物語る。

西川正治は東京帝国大学で物理学を専攻したが、その師の一人が寺田寅彦（とらひこ）（１８７８～１９３５）だった。寺田は夏目漱石に師事した文学者として広く知られているが、日本の科学史を語る上で欠かせない優れた物理学者でもあった。

寺田は、ドイツのマックス・フォン・ラウエの研究に触発され、１９１３年（大正2年）に東京帝国大学で「X線回折」の実験を行い、その成果を『Ｎａｔｕｒｅ』誌に投稿している。モノの構造をX線を使い分子や原子レベルで見ることが、当時の科学界にとって大きなトレンドだったことがうかがえる。西川は寺田の指導で「X線回折」に取り組むようになったが、私が見たガラス乾板の画像は寺田の『Ｎａｔｕｒｅ』投稿の年に撮影したものだとわかった。

手元にある『寺田寅彦全集』（全30巻）を調べたところ、第9巻（１９９７年、岩波書店刊）に理研設立の年、１９１７年7月刊の雑誌『ローマ字世界』に寺田が寄稿した「X線と結晶体」というエッセイが数点の写真とともに収載されているのを見つけた。

　ブラッグ氏親子は、（中略）一つの結晶の面からいろいろな向きに返されるX線の強さを測って、（中略）一方では結晶の中にある、いろいろ種類の違った原子の並び方をよほど確かに知るこ

fig2.3　西川正治がX線回折によって明かにした尖晶石の結晶の原子配置（「X線と結晶体」『寺田寅彦全集』第9巻、岩波書店より）

とができた。（中略）西川氏は小野氏（筆者註・小野澄之助、1886〜1994、後に東京文理科大学〈現在の筑波大学〉教授）と一緒に、（中略）顕微鏡などでは到底知ることのできない原子の並び方の特徴を知る手掛りを得た。これは将来いろいろの実用に応用されるであろうと思う。（中略）

理学の進歩は一日も止まっていない。昨日まではできそうにもないと思われたようなことが今日はもう珍しくなくなる。この後どのような新しいことが分かって来るか想像することはむずかしい。理学の進歩を見ているのは専門家でない人にも、活動写真（筆者註・映画の意味）などを見るよりももっと深い興味のあることであろうと思われる。

『寺田寅彦全集』の第22巻には１９２４年（大正13年）の日記が収載されているが、こういう記述がある。

　四月十八日　金　曇
　朝学校へ大河内君が来て理化学研究所員にならぬかといふ相談があった。
　五月十五日　木　雨　夜晴
　理化学研究所研究員委嘱の書付と規則書出版物等届く。

　弟子の西川正治に遅れること7年、寺田寅彦も理研での研究生活を始めたのである。
　西川が実験を行うにあたっては、当初「X線回折」を得る強力なX線発生装置がなかったが、東京帝国大学教授で寺田寅彦の師にあたる物理学者、長岡半太郎（１８６５～１９５０）が、医療用のX線管球を入手して西川に提供したことで、大きな成果が出せたのだという。ちなみに１８９５年（明治28年）、ドイツの物理学者、レントゲンによるX線発見をいち早く日本に伝えたのは、ドイツに留学中の長岡だった。

●自由な研究員

長岡は、大阪帝国大学の初代総長をつとめ、東北帝国大学の設立も手がけたが、今、私たちが当たり前のイメージとして頭に描く原子核の周囲を電子が回る「原子の構造」を、当時の欧米の研究よりも緻密なモデルで提唱している。これは「長岡の原子模型」と呼ばれる。

そして、東京帝国大学教授として在任中、1917年の理研設立とともに物理学部長、研究室制度発足後は主任研究員として理論と実験の研究を進めた。研究者や技術者の留学を積極的に支援した貢献も大きい。

1922年（大正11年）、大河内はそれまでの物理学部と化学部からなる制度を廃止し、「主任研究員制度」を発足させた。理研の歴史に詳しい古屋輝夫さん（理事長室長）は、こう説明してくれた。

「主任研究員制度は、今に至るまで続いている理研の伝統、主流です。研究者が独立し自由に研究室を運営できるシステムです。上の者からこういう研究をやれと言われるのではなく、自分が取り組みたい研究テーマを自由に選べ、予算や人事の裁量権ももつ。ただし、その研究室は一代限りです。主任研究員という親玉が定年を迎えたり他に転出した場合はおとり潰しです。大学で弟子にその研究室を継がせるのとは大きく異なります。なぜそういう制度を作ったかといえば、新しい分野を常に開拓していこうという精神があったのだと思います。次の新しい分野は何かをつねに議論し、その新分野の研究室を次々に立ち上げていくためにも、一代限りで潰していかないとお金が足りなくなりますからね」

この主任研究員には、ビタミンB_1の発見をなし日本のバイオ科学の祖である鈴木梅太郎（１８７４～１９４３）、磁性鋼の発明で「鉄の神様」と言われた本多光太郎（１８７０～１９５４）、日本の有機化学を欧米並みの水準に引き上げ育てた真島利行（りこう）（１８７４～１９６２）、そして理研改革を行った大河内正敏も主任研究員だった。ちなみに、長岡半太郎、鈴木梅太郎、本多光太郎の３人は「理研の三太郎」と呼ばれていた。

●サイクロトロン

理研発足から20年目の１９３７年（昭和12年）４月、理研構内に重さ28トンの小型サイクロトロン（粒子加速装置）が完成した。

サイクロトロンは、１９３２年（昭和7年）に米国の物理学者、アーネスト・ローレンス（１９０１～１９５８）が発明した核物理学実験装置だが、その発明からわずか5年後に世界で２番目のサイクロトロンを作り上げたのだ。

これは、標的の原子に荷電粒子を衝突させ、標的の原子をより詳しく観察する実験装置だ。大電力と強い磁力で荷電粒子をリング（26インチ＝約66センチメートル）内で回しながら加速し、高いエネルギーをもった弾丸を標的にぶつける。これにより、物質の性質を詳しく調べることができるようになっただけでなく、衝突で生まれる不安定な放射線を発する原子、ナトリウム24やリン32などの同位元素（ラジオアイソトープ、ＲＩ）も作れるようになった。同位元素は、生命体の研究や放射線治療など医療にも広く応用されることになる。

当時、イタリアのエンリコ・フェルミ（１９０１～１９５４）が、ウランに中性子を当てると未知の「93番元素」ができると発表、それを受けて世界で「93番」の合成を目指す競争が始まっていた。理研は、その競争に参加するためにもサイクロトロンが必要だったという（後に、ウランの核分裂によって莫大なエネルギーが発生することがわかり、それが原爆や原子力エネルギーの利用につながるのだが）。

このサイクロトロンを完成させたのが、理研の長岡半太郎研究室に所属し、その後に仁科研究室を立ち上げた原子核物理学者、仁科芳雄（にしなよしお）（１８９０～１９５１）だった。

岡山県出身の仁科は、東京帝国大学の電気工学科を主席で卒業。理研に入ったのち、英国、ドイツに留学し最新の量子力学などを学ぶ。さらに１９２３年（大正12年）から、デンマークの原子物理学者、ニールス・ボーア（１８８５～１９６２、１９２２年にノーベル物理学賞受賞）の研究所で5年間を過ごした。当時、この研究所は量子力学のメッカとされ、世界中から優れた研究者が集まっていたが、『理化学研究所八十八年史』は、「仁科はボーアの量子力学の成立に貢献

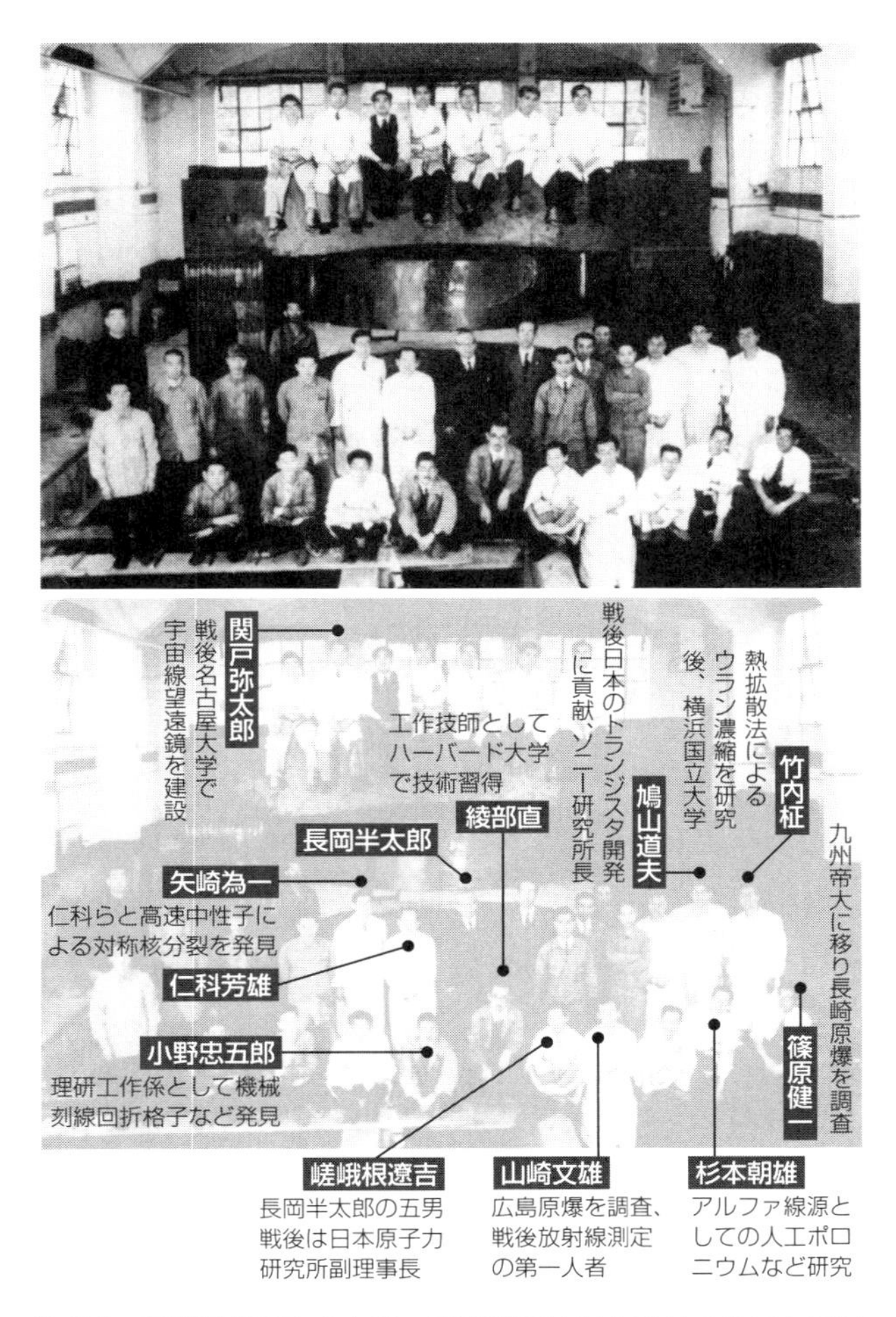

fig2.4　仁科芳雄が中心となって完成させた大型サイクロトロン２号機（写真・1944年、理化学研究所）

した唯一の日本人である」と記している。仁科が、この研究所で学びたいと留学中のドイツからボーアに宛てた嘆願の手紙が、今もニールス・ボーア研究所に残っている。『八十八年史』は、「コペンハーゲン精神」が後の「理研精神」に与えた影響はかり知れず、日本に「加速器科学」の幕をあけることになったと記している。

仁科がサイクロトロンを完成させた4年後の1941年（昭和16年）、日本は太平洋戦争に突入した。欧米の科学者たちとの交流が断たれた研究者たちには世界の最新の科学成果も入手しにくい日々が続いたが、理研では開戦から3年後の1944年（昭和19年）には、さらに規模が大きい60インチ（約150センチメートル）重量210トンという大型のサイクロトロンを完成させていた。日本の原子核物理学の進歩は著しく、京都帝国大学と大阪帝国大学もサイクロトロンを保有、日本は4台のサイクロトロンを擁するまでになった。

●海洋への投棄

1945年（昭和20年）8月、米国は広島と長崎に新型爆弾を投下し、およそ30万人もが死亡したが、仁科は大本営の要請を受けて広島入りしている。その調査ノートを見せてもらったことがあるが、仁科は被爆地の状況を調査して新型爆弾が原子爆弾であると断定。その報告が、日本の無条件降伏につながったと言われている。その背景には、仁科らが陸軍の要請を受けて「ニ号研究」と呼ぶ原子爆弾の研究をしていたことがあげられる。当時、その研究に加わった中根良平元理研副理事長（１９２１～２０１０）は、「あくまでも基礎研究のつもりだった、参加した研究者も少なく、原爆が作れるとは思っていなかった」と証言している。

日本は米軍の凄まじい空襲によって東京だけでも12万人近い人が亡くなり、焼け野原が広がっていた。理研も駒込の建物や施設の3分の2を失う。日本はＧＨＱ（連合国軍最高司令官総司令部）が支配する占領国となったが、理研はそのＧＨＱによって大きな悲劇に見舞われる。

理研の大小2台のサイクロトロンが「原子爆弾製造施設」と誤認され、ＧＨＱが破壊命令を下したのである。全米科学界など海外の科学者たちもこの決定に非難の声を上げたが、終戦から３ヵ月が過ぎた11月24日、仁科芳雄が心血をそそいできた2台のサイクロトロンは米兵たちの手で破壊され、太平洋の海底１２００メートルに沈められてしまった。ＧＨＱは、日本が原爆の研究をしていたことを知り、それを封じようとしたがゆえの暴挙だったのかもしれない。

●新キャンパスへ

２台のサイクロトロンを失った理研の戦後復興は、１９４６年（昭和21年）に所長に就任した仁科芳雄に託されたが、翌年、ＧＨＱによる「過度経済力集中排除」、いわゆる財閥解体指令が、理研にまでおよんだ。研究成果の産業化と研究費収入を目指す「理研産業団」が財閥と同じ

fig2.5　左上・GHQ兵士に破壊しないよう説得する仁科芳雄。右上・しかし破壊された。右下・理研から運び出されるサイクロトロン。左下・そして太平洋に沈められた。（写真・理化学研究所）

とみなされたためだった。

この理不尽な指令によって、理研は解散の憂きめにあう。もっとも仁科の尽力によって、理研は改組によって生き延びる道を手にした。それが「株式会社科学研究所」で、仁科は社長に就任する。会社事業の柱は医薬品で、抗生物質のペニシリンやストレプトマイシンの製造販売などを行っている。かつて不治の病だった結核は、ストレプトマイシンの登場によって治る病となった。その社会的な貢献はきわめて大きいが、仁科は１９５１年（昭和26年）、理研再興を道半ばに他界した。

このあと会社体制は紆余曲折をたどるが、１９５８年（昭和33年）、特殊法人理化学研究所が設立され、これが戦前の理研を引き継ぐ再スタートとなる。初代理事長には、長岡半太郎の子息である長岡治男が就任した。

「理研の歴代の所長、理事長では、この方だけが事務系出身です。三井不動産の常務取締役などを歴任したビジネスマンとしての腕を買われて理研の復興を託されたわけです。文科系ですが、技術面での才能もあるすごい方でした」（古屋さん）

その長岡治男が取り組んだのが、諸事情で手狭になっていた駒込の研究所キャンパスの移転だった。その計画から移転建設終了までには国との予算折衝などとてつもない苦労があったが、１９６５年（昭和40年）に現在の埼玉県和光市への移転を開始、１９６７年（昭和42年）に開所式を行い、1974年（昭和49年）に移転を完了する。この土地（当時の地名は埼玉県北足立郡大和町）は、かつての駐留米軍住宅地で日本に返還されたモモテハイツの跡地の一部で、敷地面積は23万平方メートル（7万坪弱）だ。現在は、ここに本部棟や機械棟、多くの研究棟が連なるが、起伏のある広い土地であるため、取材で構内をあちこち歩き回るのには息が切れた。東南には理研の敷地に大きく食い込む広大な土地があり、大きなアンテナ塔が見える。これは米軍の通信施設で、かつてここが米軍用地だった名残だ。

「理事長室がある本部棟の建物の設計は長岡さんが行ったんです。建築技術者でもないのに、基本の絵を描かれたそうです。理研に入ってこの建物を見て、すごいおしゃれだなとびっくりしました。今でも、昭和30年代にこんなモダンな設計をしたのは驚きですと言われます」（古屋さん）

研究本館は、当時では珍しい地上6階、地下1階の鉄筋コンクリート造りである。外観はコンクリートの打ちっ放しで華美さと無駄を省いた。興味深いのは設備機能の高さと建物の配置だ。東西を向いた建物の西端が北へ13度だけふってあるのは、真夏の西日が北側の窓から直接入らないようにし、夏の冷房の消費エネルギーを減らす工夫なのだそうだ。

●ただ乗り論対策

この10年をかけた移転が始まった1965年（昭和40年）、1931年（昭和6年）から仁科研究室の研究員だった朝永振一郎が「量子電気力学分野での基礎的研究」でノーベル物理学賞を受賞する。１９４９年（昭和24年）に、仁科研究室出身の湯川秀樹の「素粒子であるπ中間子の発見」によるノーベル物理学賞に続く理研の快挙だった。その翌年秋には、日本初の多目的型の重粒子サイクロトロン（直径１６０センチメートル）が完成し、ファーストビームに成功している。こうして理研は新たな土地、新たな研究室、新たな実験施設のもとで、今日までの50年を走ってきた。

この50年間の各研究部門の推移や経過の中で特筆すべき理研ならではの研究体制や制度上のいくつかのできごとについて古屋さんの説明を紹介しておこう。

・１９８６年（昭和61年）国際フロンティア研究システムを開設

「日本で初めての任期制研究制度です。それまでの研究者は定年制のみでしたが、任期付き研究者だけの研究組織を作ったんです。任期は平均5年、リーダークラスでも10年です。これは、『第11号答申』と呼ばれるものに沿って導入したものです」（古屋さん）

「第11号答申」は、１９８４年（昭和59年）に科学技術会議が、21世紀に向けて新しい文化と文明の基礎となる科学技術の総合的発展を目指し、「創造性豊かな科学技術の振興」「国際性を重視した科学技術の展開」、そして「科学技術と人間及び社会との調和ある発展」の３点を基本的な柱として、今後10年間の科学技術政策の基本を示したものという。しかし、こんな役所言葉の羅列では何を目指したかは理解不能だ。古屋さんにわかりやすく解説してもらおう。

「当時の日本は大きな貿易黒字を諸外国に叩かれていました。その批判には、日本は科学技術の基礎研究を自ら行わず、欧米からおいしい技術を持って来て生産し商売をして儲けている、という基礎研究ただ乗り論がありました。そこで政府は、その解消のための政策を打つ必要に迫られた。一方、理研でも、主任研究員制だけの組織では、新しいことがやりにくい面がありました。そこで、海外からの研究者を迎え入れることも含めた、最近の言葉ならダイバーシティ（多様な人材を積極的に活用すること）を実現しようとなったのです。また、新しい研究をある程度時限的に集中的に行おうという議論を主任研究員が始めていました。そこに、政府が同じ発想で『11号答申』を言い出したため、発足させたのが国際フロンティア研究システムなんです」

・１９８９年（平成元年）　基礎科学特別研究員制度発足

「これは、選りすぐりのポスドク（大学で博士号を取得したもののまだ正規ポストに就いていない研究者）を特別に育てようという制度です。ポスドクは、大学では研究テーマを教授から指示されることが少なくないですが、理研では研究費も与え、希望の研究室で、自立的に研究ができる制度です。今も募集が続いていますが競争率が7～8倍のこともありますよ。期限が3年であるため短いという意見もありますが、すごい集中力で研究に取り組むので研究者として育ちます。成果次第で理研の研究員になったり、３年後に大学の教授になった人もいます」

・１９８９年（平成元年）　連携大学院制度

「理研と大学が連携して大学院を作る試みです。当時の理研の所管は科学技術庁で、大学の所管は文部省でした。所管が異なる２つの組織の相乗りは難しいんですが、当時の小田稔（１９２３〜２００１）理事長（専門はＸ線天文学、東京大学教授、宇宙科学研究所長を歴任）の大変な尽力で、まず埼玉大学との連携が実現しました。埼玉大学の理工系には大規模な実験装置がなかったため、学生は理研で実験ができ、また理研の研究者が兼任で大学教授をつとめる道をひらいたんです。現在は38の大学と連携をし、３００人ほどの理研の研究者が客員教授や連携教授をつとめています。理研にとっては若い血が入る、研究者にとっては教育実績を積むことができるわけです」

こういう新しい制度を導入しながら２００３年（平成15年）に独立法人理化学研究所として、さらに新たな組織となり、野依良治（２００１年にノーベル化学賞受賞）初代理事長時代がスタートする。１９９０年代後半からは続々と新しい研究所、研究センターが生まれており、研究室の総数は今ではおよそ450にのぼる。また、世界各国・地域と研究協力協定、覚書の締約も重ねてきた。理研は、日本の理研から世界の理研に育ち、協力関係にある海外の研究機関の数は約460（53ヵ国・地域）におよんでいる（2016年3月末）。

きわめて順調に成果を積み重ねてきた理研だが、2014年（平成26）年、STAP細胞（刺激惹起性多能性獲得細胞）をめぐる不幸な事件に突き落とされる。それは理研の一世紀にわたる歴史上、経験したことのない社会的に重いできごとだった。

2015年4月、松本紘（ひろし）（宇宙科学工学者で元京都大学総長）理事長時代が始まり、理研はまったく新しい組織として再発足する。物質・材料研究機構、産業技術総合研究所とともに、「特定国立研究開発法人による研究開発等の促進に関する特別措置法」により「特定国立研究開発法人」への移行だ（2016年10月）。それは「国際競争の中で革新的な研究成果を創出する中核機関」としてのより大きな使命を担っての、まさに新たな時代を迎えたことを意味する。

97年目にして、大きく揺さぶられた理研だが、100周年を目前にして「113番元素・ニホニウム」を手にできたことは、3000人の研究者、500人の事務職からなる日本最大のこの科学研究所に新たな力をもたらしてくれたことは間違いない。

研究機関や大学の「力」は「論文数」、それらがどれだけ引用されたかの「被引用回数」などで示されるが、世界の主な研究機関との比較で理研は6位にランキングされている。国内の大学

機関名	国	総論文数	上位10%論文の数	比率
アルゴンヌ国立研究所	米国	1889	687	36.4%
マックスプランク協会	ドイツ	9858	3520	35.7%
ブルックヘブン国立研究所	米国	1216	434	35.7%
シンガポール　A*Star	シンガポール	1503	459	30.5%
オークリッジ国立研究所	米国	1881	553	29.4%
理化学研究所	日本	2484	704	28.3%
ヘルムホルツ協会	ドイツ	5509	1533	27.8%
ロスアラモス国立研究所	米国	1796	490	27.3%
ポール・シェラー研究所	スイス	1170	308	26.3%
スペイン高等科学研究院	スペイン	8903	2291	25.7%
物質・材料研究機構	日本	1448	370	25.6%
中央研究院（台湾）	台湾	2230	503	22.6%
フランス国立科学研究センター	フランス	29825	6658	22.3%
中国科学院	中国	34839	7523	21.6%
フラウン・ホーファー研究所	ドイツ	1155	216	18.7%

fig2.6　主要研究所の上位10%論文の比率で見たランキング
上位10%論文は被引用回数８回以上のものを指す（トムソン・ロイター社のデータベース〈2016年6月8日時点〉より算出）

との比較では東京大学、京都大学、大阪大学、名古屋大学などを大きく引き離しているが、世界にはまだ上の研究機関、大学がある。１００年目の理研が目指さねばならない課題は大きい。

fig 2.7　理化学研究所の「人」と沿革

第3章 加速器バザール

●2個の東京タワー

和光市の理化学研究所の敷地の東北端に、とんでもない地下実験施設がある。

私がそこをちょっとだけ見せてもらったのは数年前のことだが、実験施設という言葉で思い浮かべていたイメージは完全にぶっ飛んでしまった。数多くの実験装置が並んでいるのだが、その一つは平べったい六角柱をしており、２階建て住宅ほどの7・7メートル。直径18・４メートルなので床面積は約２７０平方メートル（約80坪）という、とてつもなくごつい装置だ。ごつく見えるのも当然で、総重量が８３００トン、東京タワー２つ分の重さというのだ。これほど重いのは、全体が純鉄でガチガチにシールド（遮蔽）されているからなのだ。この実験設備は、超伝導リングサイクロトロン、通称・ＳＲＣ。２００６年（平成18年）に、同じように見える巨大な２台の加速器、ｆＲＣ（固定加速周波数型リングサイクロトロン）、ＩＲＣ（中間段リングサイクロトロン）とともに完成した。

　これらが点在する実験施設の名は「ＲＩ（アールアイ）ビームファクトリー」（以下、ＲＩＢＦと略）。総面積４万４６４３平方メートル（１万３５００坪）のまさに巨大工場だが、この実験施設を擁するのは理研の一部門、仁科加速器研究センターである。

　センター名は、世界で2番目となるサイクロトロンを作った、あの仁科芳雄博士に因む。またここは、あの「１１３番元素・ニホニウム」の誕生の場でもある。

　森田浩介さんが使ったのは、このＲＩＢＦの一部、ＲＩＬＡＣ（ライラック）いう線形加速器だが、ＲＩＢＦ全体から見ればＲＩＬＡＣですら小さく見えてしまう。現在ここには、先の3台に加えて１９８６年（昭和61年）に稼働開始した2台の加速器（ＲＲＣ＝理研リングサイクロトロンと１９８９年稼働のＡＶＦサイクロトロン）のほか、原子核を打ち出すいくつものイオン生成装置や検出器がぎっしりだ。

　この巨大実験施設について、主任研究員でセンター長の延與（えんよ）秀人（ひでと）さんに聞いた。延與さんは、帰宅途上で「１１３番元素」の最後の「イベント」が出たという知らせを受け、急いで理研に戻ったあの人だ。東京大学出身で、２００１年に主任研究員となり、２００９年にセンター長に就任している。

山根　このとてつもない加速器センター、いつ発足？

延與　２００６年です。仁科先生は主任研究員でしたから、先生一人の采配で研究をまかされていて、戦前に苦労してサイクロトロンを開発、製造しましたよね。このセンターは、その伝統を受け継いでいますが、世界に冠たる加速器がずらりと揃ったので、主任研究員制度では支えきれず、関連する主任研究員が集まってこのセンターを発足させたんです。

山根　世界一の規模？

延與　サイクロトロンでは世界一です。

サイクロトロンは、強力な磁場に打ち出した原子核を渦巻き状に加速する装置。磁場は一定ですが加速するにしたがって半径が大きくなっていきます。似た加速器にシンクロトロンがありますが、こちらは加速する速度に応じて磁場が強くなります。原子核を同じ軌道上で加速するため、リング状の構造です。サイクロトロンは大量の原子核を加速するのに向いていて、シンクロトロンは少ない原子核をより高速にするのに向いています。このＲＩＢＦでもシンクロトロンの計画も検討されましたが、「やはり仁科博士の伝統で理研はサイクロトロンだ」と、すべてサイクロトロンになったんです。そのサイクロトロンが作り出し加速する原子核の「量」が圧倒的に多いため、その「量」で世界一なんです。

fig 3.1　上・埼玉県和光市にある理化学研究所の全景。空き地のように見える三角形の平地は米軍の施設。下・RIBFがある建物（Google Earth）

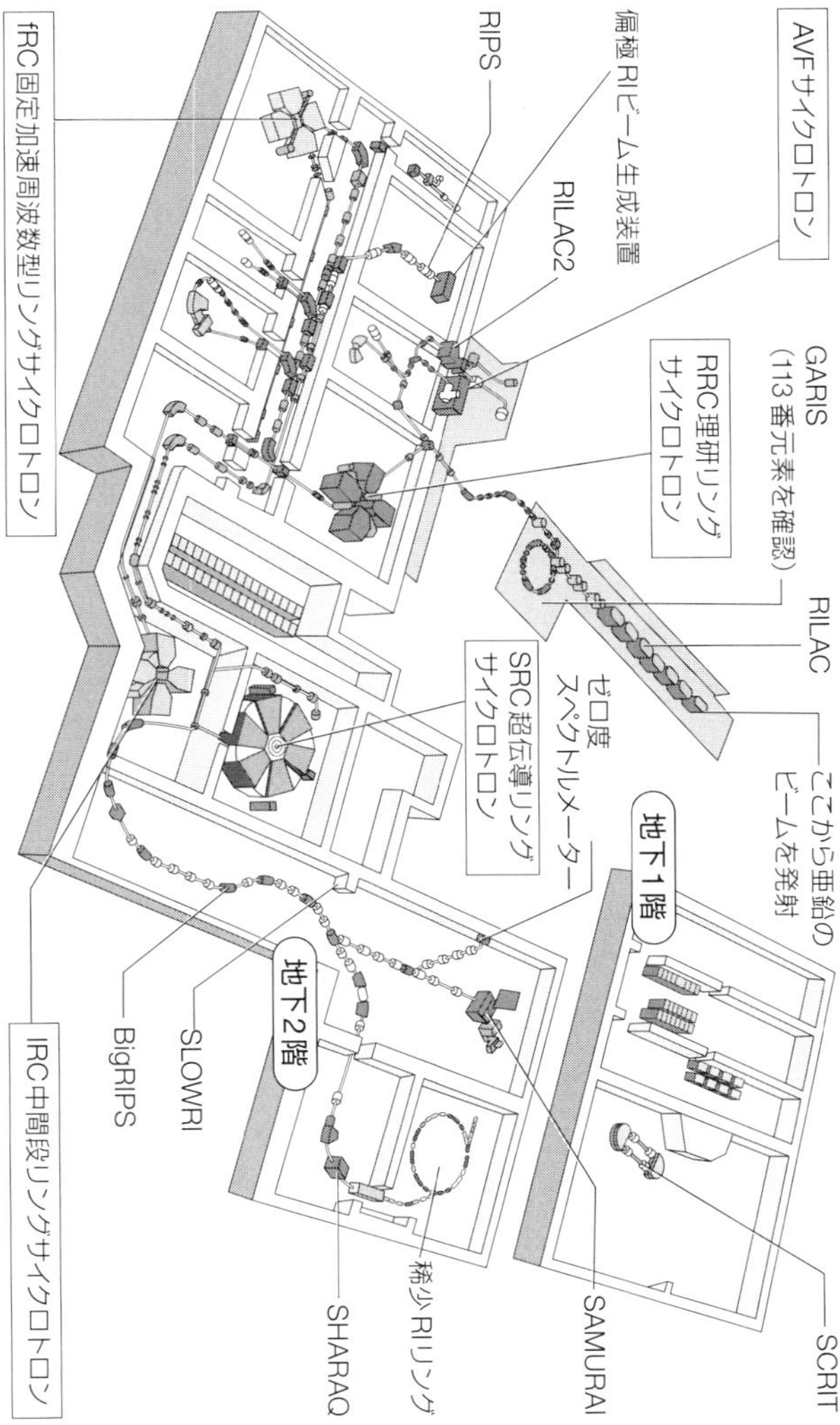

AVFサイクロトロン
偏極RIビーム生成装置
RIPS
RILAC2
GARIS（113番元素を確認）
RRC理研リングサイクロトロン
RILAC
ここから亜鉛のビームを発射
fRC固定加速周波数型リングサイクロトロン
ゼロ度スペクトルメーター
SRC超伝導リングサイクロトロン
地下1階
地下2階
SCRIT
SAMURAI
稀少RIリング
SHARAQ
SLOWRI
BigRIPS
IRC中間段リングサイクロトロン

fig 3.2　仁科加速器研究センターRIBFの見取図（資料・理化学研究所）

●ぶっちぎりのトップ

「113番元素」を作るために、森田さんは亜鉛の原子を撃ち続けたが、標的のビスマスの原子核と融合したのは400兆回の照射でたった3個だった。新しい元素を作るためには、照射する量ができるだけ多い必要があった。その量が3分の1だったら、「113番元素」を得るまでには3倍の時間がかかったはずだ。それと同じことで、RIBFは「量」で勝負しているのだという。では、その「量」でどんな勝負をしているのか。

延與　「113番元素・ニホニウム」の合成のように、新しい「核種」の発見を続けています。各元素にはいくつかの不安定な状態の同位体がありますが、自然界では確認されていないものが多い。同位体はベータ崩壊というエネルギーの放出を続けて安定した元素になりますから。そこでRIBFでは、世界一の加速器が産み出す世界一強力な物量作戦で、未発見の同位体（核種）を作り出すことを続けているんです。

山根　観察されていなかった核種を発見することには、どんな意味が？

延與　たとえばある種の同位体は宇宙創生時や超新星爆発で作られたことが理論上わかっていますが、実験によってその経緯が確かめられれば、宇宙や物質がどのようにして作られてきたかがわかります。

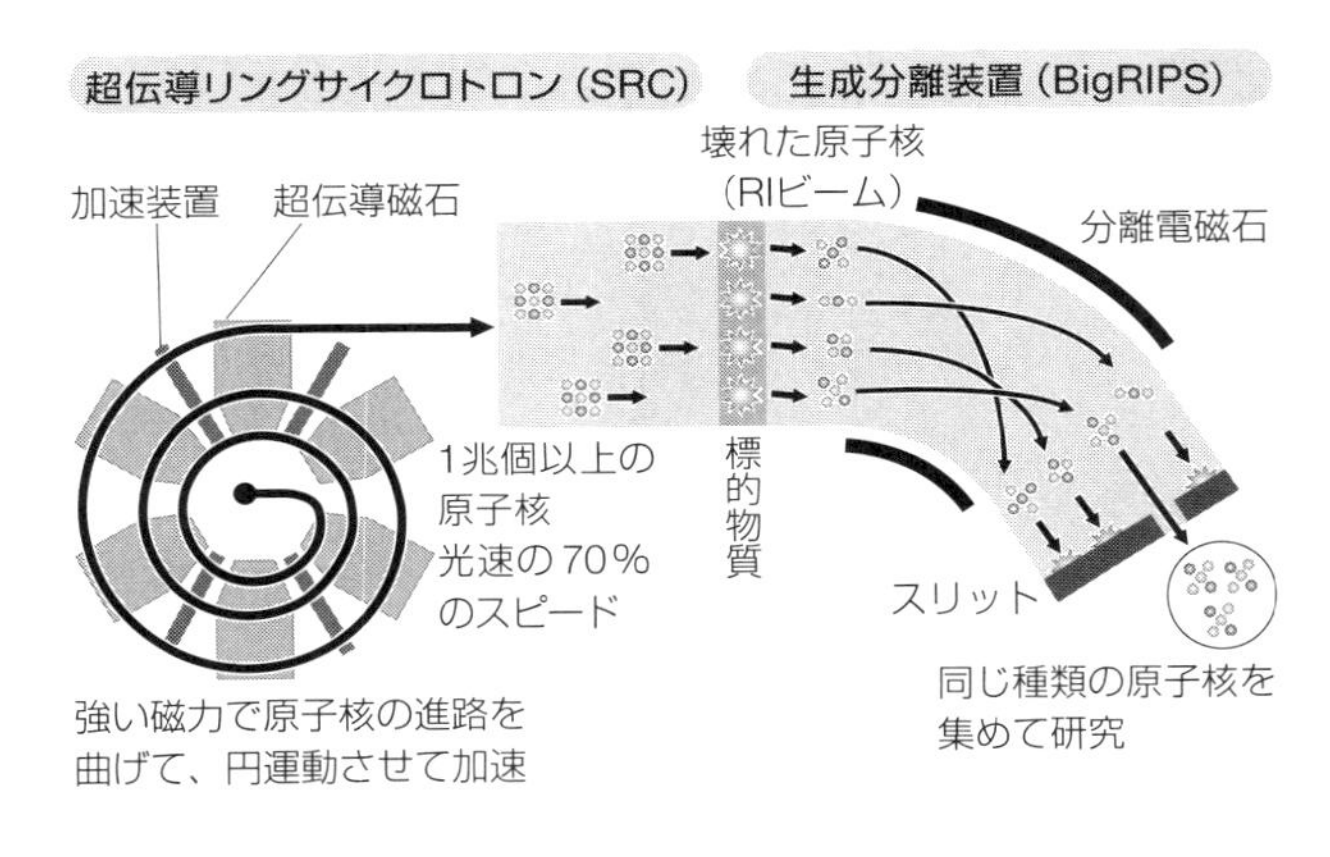

fig 3.3　超伝導リングサイクロトロンSRCによる原子核の加速と分離（資料・理化学研究所）

山根　どれくらいの「核種」を発見しました？

延與　この施設が発足してからざっと150個、近年では世界でも理研がぶっちぎりのトップです。「新核種」を作り出す能力は加速器の能力次第だからです。現在稼働している5台の巨大サイクロトロンをすべて連結して動かせば、さらに世界に冠たる高性能が出せます。この世界での科学的成果は、加速器の性能、水準で決まるんです。

●国際ルールは「無料」

山根　以前、ちらりと内部を見せていただきましたが、サイクロトロンだけでなく、よくわからない装置がぎっしりでした。

延與　それが、ここの特徴でもあるんです。

ＲＩＢＦには、理研のみならず日本や海外の数多くの大学、研究機関がビーム生成装置や検出器、測定器、分離装置、分析装置などを持ち込んでいるからなんです。

山根　どういうこと？

延與　加速器は１９３２年にアメリカのアーネスト・ローレンスが発明して以来、85年の歴史がありますが、60年前に国際純粋・応用物理学連合（ＩＵＰＡＰ）の加速器諮問委員会が定めた原則があるんです。それは、「国境を超えてともに一生懸命研究をしましょう」というインターナショナル・フリー・アクセスの原則です。どの国にある加速器でも、研究者は必要な機器を持ち込んでフリーに利用できる、電気代などの維持費は加速器の保有者が負担するので利用は無料ですむんです。

山根　発見するなりノーベル物理学賞の受賞対象となった素粒子、ヒッグス粒子は、スイスにある欧州原子核研究機構（ＣＥＲＮ）が運用する巨大加速器、ＬＨＣ（大型ハドロン衝突型加速器）を使って発見されましたよね。このスイス・ジュネーブ郊外の地下に建設した円周27キロメートルという超巨大加速器には、日本のチームやメーカーも参加していましたが。

延與　私は１９８０年代にＣＥＲＮ研究員として過ごしてますが、ＬＨＣに機器を持ち込んで実験に参加した日本チームは、電気代を一銭も払っていないんです、インターナショナル・フリー・アクセスの原則にしたがって。仁科加速器研究センターも、英、米の加速器がある研究所に機器を持ち込み、連携研究をしていますし。

山根　どんな研究を？

延與　たとえば米国では、重イオンや偏極陽子を加速できる衝突型加速器がある、ニューヨークに近いブルックヘブン国立研究所で、宇宙誕生のビッグバン直後の宇宙や陽子の中にあるクォーク（原子核を構成する素粒子のグループ）の状態を探っています。

山根　ここ、仁科加速器研究センターにも海外の研究者が来ていますか？

延與　もちろん、うちもオープンなので。国内外の大学や研究機関が持ち込んだ大型の実験装置だけでも8台あります。加速器本体には440億円かかっていますが、約100億円の実験設備のうち、ほぼ半分が外部負担なんです。たとえば、「ＳＡＭＵＲＡＩ」という勇ましい名の多種粒子測定装置がありますが、これは、東北大学、東京工業大学、京都大学、米国のミシガン州立大学、ドイツのダルムシュタットにある重イオン研究所、フランスからは国立重イオン加速器研究所とオルセー原子核研究所による国際共同チームのものです。

このように、世界から優秀な研究者が集まり、しかも高価な実験装置を持ってきて実験が進んでいるのですから、理研としてはありがたいかぎり。これは、「鴨がネギを背負ってくるみたいだ」と言う人もいるほどです。ここは世界一の性能なので期待が大きく、多くの外国チームが入ってます。まさに、バザール状態、加速器バザールです。

●狙いは119と120

1937年（昭和12年）、仁科博士が作った第1号サイクロトロンは直径わずか60センチメートルという小さいものだったが、理研は終戦までに2台のサイクロトロンを作っている。それらはGHQによって破壊され、2号機は東京湾に沈められ、加速器による研究も日本が独立を回復する1951年（昭和26年）までは禁じられた。

そのため戦後初のサイクロトロンが作られたのは1953年（昭和28年）のことだ。残っていた1号機補修部品をかき集めて組み上げたため、その規模は電磁石重量23トン、磁極直径が26インチ（約66センチメートル）と、理研最初のものと同じ小型サイズだった。終戦の2年前には200トン、60インチ（約150センチメートル）という大型化技術を手にしていたにもかかわらず、だ。しかし、サイクロトロンを用いる科学は、物質の根源を探り新たな生物学の世界を拓くには欠かせないため、理研は1986年（昭和61年）に電磁石重量1800トンという理研第5号となる巨大サイクロトロンを完成させ、この分野での先進的な実験環境を手にしたのだ。現在のRIBFには、その第5号機（RRC）から第9号機（SRC）までが並んでいるのである。

山根　森田さんは最終的には究極の元素、「172番元素」を次世代の研究者たちが手にしてほしいと言っていましたが。

fig 3.4　理化学研究所のサイクロトロン（写真・理化学研究所）

延與　直近の目標は、「119番元素」と「120番元素」の合成です。うちの加速器のすべての能力をどう駆使すればその成果を出せるかを検討しているところです。ロシアもそれを狙っていますからね。

山根　ここの研究は新しい核種を合成するような基礎物理が中心ですが、社会に役立つ目標はありますか？

延與　栽培植物、野菜や果物の新種を作り出したり、新しい放射線治療の方法を見出すことは当初からサイクロトロン研究の大事な柱で、大きな成果が出ています。

●効率的ゴミ処理工場

延與　また、社会の役に立てるイノベーションへの貢献として、原子炉のもたらす放射性廃棄物の処理にも取り組みたいと、と。

山根　使用済み核燃料などの放射性物質に中性子を当て、加速核種変換をすることで放射線を出さない物質にするのが「消滅処理」。その「消滅処理」を行うオメガ計画が立ち上がると聞いたのは1990年代初頭だったと思いますが、予算がつかず計画が「消滅処理」されちゃいました。

延與　消滅処理は時間とお金さえかければできるんです。そこでオメガ計画では、核種変換で生じるエネルギーを利用する、売ることで投入資金を回収できるとしていた。そう言わなければ予算が通らなかったからでしょう。しかし、そのエネルギーコストは他のエネルギーと比べてどうしても高くなってしまう。

山根　そういう採算面から計画が「消滅処理」された？

延與　こう考えてはどうですか。ゴミ処理は社会にとって必須の課題です。そこで建設するゴミ処理施設では、ゴミの焼却熱を利用した発電を行っているケースが多い。しかし、ゴミ発電によるエネルギーが高コストだからといってゴミ処理施設の建設はやめよう、とはならないでしょう。これを日本が直面している福島第一原発の廃炉で出る放射性廃棄物の処理に重ね合わせると、この課題をゴミ処理として真剣に考えるべき時を迎えていると思います。核物理学の研究によって、効率的で低コストに「核種変換」を行うイノベーションを手にしなくてはいけない。我々はどのような放射性元素でもビームにして実験できるわけですから、どうすれば放射性廃棄物に含まれる放射性元素を壊すことができるのかという基礎に立ち返り、その測定から始めようと計画してます。理論はあるが、やはり実際の実験でデータを得ることが大事ですから。

延與さんによれば、成果が出るには30～50年かかるかもしれないが、いかにして効率の高いゴミ処理機を作るか、つねに念頭においているという。福島第一原発によって広い範囲を汚染したセシウム137は半減期が約30年、30年待てば問題解決だという人もいるが、延與さんは、「3万人もの方が未だに家に帰れないという現実を忘れてはいけない」と、決意を語っていた。

仁科加速器研究センターは、78名の定年制常勤研究者と技師、46名の任期制常勤研究者と技師、387名の所外研究員を含めて約500人の体制で、年間予算は国の交付金約28億円だ（2015年度）。また、ぶっちぎりの世界一の能力を誇るRIBFだが、先進国が一斉に大規模設備の建設を開始している。そのため、日本の世界一は2025年には追い越される見通しだ。そのため2020年からは施設の「大強度化」を始める計画という。

●数式が嫌いな生物学者

RIBFでは、重イオンビーム（重粒子線）による実験も広く行われている。

原子からいくつかの電子をはぎ取ると、電気を帯びた「イオン」になる。その「イオン」のうち、ヘリウムより重い元素のイオンを「重イオン」と呼ぶ。サイクロトロンでは、その「重イオン」を加速した重イオンビームを標的にぶつけてさまざまな試みを行っている。「重イオン」というとちょっと怖い感じがするが、がん細胞のみを殺す重粒子線治療は大いに期待されているし、大きな話題となった小惑星探査機「はやぶさ」も、同じ原理によるイオンエンジンによって大宇宙航海を果たしたのだ（イオンエンジンは故障しまくったが）。

仁科加速器研究センターは、大きく分けて３つの研究部門「理論研究」「素粒子物性研究」そして「ＲＩＢＦ」からなり、物質創成の謎や超新星爆発による重元素合成の解明など、花形研究が目白押しだ。そのセンターの紹介パンフレットの最後の最後で紹介しているのが「応用研究開発室」だ。室長の阿部知子さん（生物照射チーム）に聞いた。

山根　生物に重イオンビームを照射して何を？

阿部　重イオンビームは放射線ですから、たとえば作物に当てればＤＮＡが傷つき、ちょっと変わったものができます。この品種改良の方法を突然変異育種と言います。仁科先生が理研にサイクロトロンを作った目的のひとつが、これだったんです。実験には加速器を使いますが、ほとんどの加速器施設は生物学者にはとっつきにくくてね。生物学者はだいたい数式が嫌いですし、物理学者は生ものがお嫌いですから。でも、理研は総合研究所なので、物理学者とも話がしやすいんです。私は飲んべえなので、いっそう話がはずみます。

山根　生物に照射する重イオンビームって、何のイオンですか？

阿部　炭素、窒素、ネオン、アルゴンです。リングサイクロトロン（ＲＲＣ）を使って始めたのが、サントリーフラワーズ、茨城県、広島県との共同研究の花なんです。花なら変異が見てわかりますし楽しいですから。

山根　花の何に重イオンビームを当てるんですか？

阿部　接ぎ木するときの穂木です。小さな枝先を切ると、新しい芽が出てきますよね。これは細胞分裂が盛んに行われているので、そこに重イオンビームを数秒から数分という短時間照射します。この方法だと、種に照射するより変異が起こる率が10倍高いからです。

山根　ずいぶん簡単な方法ですけど。

阿部　はい、楽です。私、手数をかけるのが嫌いなので。でもこの方法では、変異した花と変異していない花の両方が咲いてしまう。そこで、変異によって望む花が咲いている部分だけを切り取り、組織培養して増やせば、すべてに新種の花が咲くわけです。

●津波水田での挑戦

放射線を照射する突然変異育種では、照射した植物の半分は死んでしまうのが常識だったが、阿部さんは重イオンビームの照射で植物が死なずに変異を起こす条件を見出す。照射後、大半がすくすくと育つため、当初は「怪しい、照射していないんじゃないの」と言われたという。では、なぜ、重イオンビームの照射は成績がいいのだろう。

阿部　突然変異育種で長年使われてきたX線やガンマ線はエネルギーが低いため、遺伝子本体であるＤＮＡの２本鎖構造のうち１本鎖しか切れないんです。しかし、大量に照射するので、あちこちで１本鎖を切るんです。こうしてＤＮＡが傷だらけになり、生き残る率が低くなる。一方、重イオンビームを照射すると、２本鎖のＤＮＡだろうが染色体だろうがガツっと切る。そこで植物は、あわててＤＮＡの切断された部分を修復するので、ＤＮＡは少し短くなる、という現象が起こっているのだろうと思います。つまり、低線量でも確実に変異ができるんです。ＤＮＡのどこを切るとどんな変異となるかは、全遺伝子解読が終わっているシロイヌナズナを使った実験で統計的にわかってきたので、データーベース化も続けていますよ。

山根　どんな成果が実用化していますか？

阿部　園芸用のバーベナって知ってますか？　重イオンビームによる新しい育種法では初めての商品化です。この花は開花後に種をつけるもので花の咲く時期が連続しないため、市場での評判がいまいちでした。そこで、照射によって、種が生じないようにし（不稔化）、花持ちがよく、花房の数も増加した品種が開発できたんです。その発表をしたのは２００１年ですが、販売まで３年と短時間でびっくりしました。企業と組んでのプロジェクトですから、理研にはライセンス料が入る仕組みですが。

山根　食糧になる栽培植物も大事でしょ？

阿部　忘れられないのが、東日本大震災の津波で海水が入ってしまった水田でも育つ、耐塩性のイネです。宮城県からの要請を受けたんですが、東日本大震災発生後は大電力をくう加速器実験は全部キャンセルされてしまったんです。しかし被災地からの要請にこたえなくてはいけないと、4月の土曜と日曜だけ動かしてもらい、イネの種子に照射。そうして得た718系統から耐塩性のあるイネを選択。2014年には4系統にしぼり、やっと「これだ」というのを1つだけ残しました。このイネは海水の3分の1ほどの塩分濃度であれば育ちます。宮城県の古川農業試験場と取り組んできたんですが、さらに、収量が多くておいしい品種を作るのが課題です。

今の時代は少子化で家族数も少ないので、白菜やキャベツも小型のものがいいんだそうですね。そういう要請がいろいろあるので、今、手当たり次第にやっているんです。

この技術による理研との共同研究には、65研究所（試験場）、56大学、50社にのぼる企業が加わっている。重イオンビームを照射した花や農作物は放射線に汚染されているのではという誤解があるようだが、重イオンビームはあくまでも遺伝子を切るハサミとして使ったにすぎず、放射線被ばくのおそれは皆無。もともと生物界では、宇宙線などの自然放射線を受けて突然変異を起こし進化してきた。重イオンビームの照射は、その自然界で起こっているのと同じことを人為的に、計画的に行うのである。地球温暖化による気候変動によって、深刻な食糧不足がもたらされているといわれているが、そういう時代に対応した農作物を人為的に作り出す必要性もきわめて大きい。

ちなみに、日本郵便が発行する「理化学研究所創立１００周年」の特殊切手（２０１７年４月26日発行）のシートには、理研を象徴する５つの図柄が描かれているが、そのひとつに「重イオンビームで開発した新種のサクラ」が採用されている。

遠からず、阿部研究室もバザール状態になるに違いない。

第4章 超光の標的

●スーパー顕微鏡

２０１０年６月13日、小惑星探査機「はやぶさ」はおよそ７年にわたる大宇宙航海を終えて地球に帰還。探査機自体は燃え尽きたが、分離した「カプセル」を見事オーストラリアのウーメラ砂漠に着地させた。当初、探査目的の小惑星「イトカワ」でのサンプル採取はできなかったと思われていたが、「カプセル」内にはイトカワ由来の物質が大量に入っていた。そのサイズは１００分の１ミリメートル程度にすぎなかったが、その微粒子をさらに１００枚に薄切りにした標本をもとに詳細な分析が行われ、この小惑星の誕生から今日までの履歴までもが解明された。

その分析は、２０１１年１月21日から５日間、大阪大学のチームが中心となって放射光による微粒子のＣＴ３次元観察を行うことから始まった（詳細は拙著『小惑星探査機「はやぶさ２」の大挑戦』ブルーバックス刊）。その「放射光」の実験施設とは、「まえがき」で書いた１９９７年に理研と日本原子力研究所（当時）が兵庫県の西播磨に竣工したスプリングエイトだ。

放射光とは、円形の加速器で陽子や電子を高速で回転させると、その軌道の曲がりで、進行方向に飛び出す電磁波＝赤外線やX線を指す。固定していない荷物を載せたトラックが高速で曲がると、荷物が荷台から勢いよく飛び出してしまうイメージだ。赤外線やX線も可視光線と同じ電磁波であるため、広義の「光」としてこれを「放射光」と呼ぶようになった。放射光は、円形の加速器では粒子の加速速度を落とすじゃまものとされていたが、きわめてシャープにモノの立体構造を見ることができる光であることがわかり、いわばスーパー顕微鏡として世界で放射光施設の建設が始まった。これは、放射光を作り出すことに特化した円形加速器だが、物質の分子や原子のナノサイズ（１メートルの10億分の１）世界の構造を見ることができるため、今では科学研究のみならず産業界でも広く利用されている。

なかでもスプリングエイトは、世界で最大、最強の放射光施設としてデビューし（電子エネルギー80億電子ボルト）、今もその地位は揺るがない。主要部分のひとつ、環状の「蓄積リング」のサイズ（周長）はおよそ１・４キロメートルもあり、小高い丘を取り囲むように建設されている。

調べる物に照射される強力でシャープな放射光＝X線は、物質内に飛び込むと結晶状態などによって曲がって突き抜け、その先に「回折像」を結ぶ。１世紀前に寺田寅彦や西川正治がガラス

fig 4.1　上・上空から見たスプリングエイトの全景（空撮・山根一眞）　中・内部の様子（写真・山根一眞）　下・スプリングエイト建設前に東京大学に作られた放射光装置のプロトタイプ（写真・理化学研究所）

乾板に像を映していたのと同じ原理だ。

仁科芳雄が手がけてきた加速器、寺田寅彦や西川正治がひらいてきた結晶学など理研が培ってきた技術が大きく進化して巨大な加速器センターとなり、また、この放射光施設となったのだ。

建造に1089億円をかけ、2017年に20周年目を迎えるスプリングエイトの「今」を、理研・播磨研究所長で放射光科学総合研究センター、石川哲也センター長に聞いた。

●光合成が見えた

山根　スプリングエイトはきわめて特殊な実験施設だと思っていましたが、ある科学者が「試作している化学物質ができるたびにスプリングエイトに行って確認している」と聞き、そんなに気軽に使われている設備なのか、と思いました。

石川　電子顕微鏡で見えるモノであっても、電子顕微鏡ではサンプルを作るまでの準備などが大変ですが、スプリングエイトはその必要がない、という理由もありますね。また、溶けた高分子材料から繊維がどうできるのかを、実際に材料を加熱しながら「経過」を見ることができるのも利点です。最も効率的な作り方がわかるため、日本が世界を大きくリードしている炭素繊維のメーカーも、実験装置を持ち込んで活用していますよ。

山根　すごい製品ができている？

石川　研究者が成果を公開する場合は無料で利用できますが、有償の企業の利用では成果が表に出ないんです。ここでの実験への投資額に比べてはるかに大きな利益が出ているはずで、国の富を増やしていることは間違いないと思います。しかし、どれだけの利益が上がったかを話してくださる企業が少なくて。

山根　思いもかけない発見も多いでしょう？

石川　スプリングエイトを駆使した研究で、光合成を担っている触媒の姿が明らかになり、類似化合物の人工的な合成に成功したのは大きな成果です。

山根　それは、すごい。小学生時代に理科の先生が、「炭酸同化作用（光合成）が解明できたらノーベル賞ですよ」と話してくれたのがずっと忘れられなかったんですが、ついに？

石川　岡山大学の光合成研究センター長で大学院教授の沈建仁（しんけんじん）さんが2015年5月に発表しました。その触媒化合物の構造がスプリングエイトでほぼわかり、さらに「SACLA」（X線自由電子レーザー、後述）で完璧に確認できたんです。光合成の第1段階である、太陽光を取り込み水を分解し、水素イオンと酸素にまず分ける部分の化合物（タンパク）です。非常に複雑なタンパクなんですが。

山根　まさにノーベル賞級？

石川　さらに化学反応が詳しく解明できればノーベル賞でしょう。これは、水からエネルギーを得ることにも通じます。光合成の第1段階では、太陽光と水から酸素と水素を作っている。第2段階で、この水素を使い二酸化炭素を炭水化物に変えているわけです。その炭水化物は食糧にも燃料にも建材にもなるわけですから、光合成が人工的に実現できれば究極の循環型社会ができあがります。巨大なリアクター（反応塔）の中でカボチャを作ることだってありえるわけです。地球温暖化の原因である二酸化炭素を、食べ物やエネルギー、建材にできるということです。

山根　究極の循環型社会が実現する？

石川　光合成の反応系は非常に複雑で解き明かすのは大変ですが、ここでその成果が得られるよう我々も努力しなくてはと思っています。

山根　そのためにも今後、放射光科学総合研究センターが「やらねばならない」ことは？

石川　スプリングエイトを大幅に改修して、１００倍から１０００倍くらい明るくしようと計画しています。

山根　１０００倍！　スプリングエイトが完成したとき、「電子顕微鏡の1億倍よく見える」と聞きましたが、こんどは１００億倍から１０００億倍かぁ。スプリングエイトは今のパワーを出すために80億電子ボルトという「力」が必要だったので、１０００倍なら8兆電子ボルトもの超エネルギーが必要？

石川　いや、この20年間の技術進歩はすごいもので、使用電力は今より低くすみます。現在の電

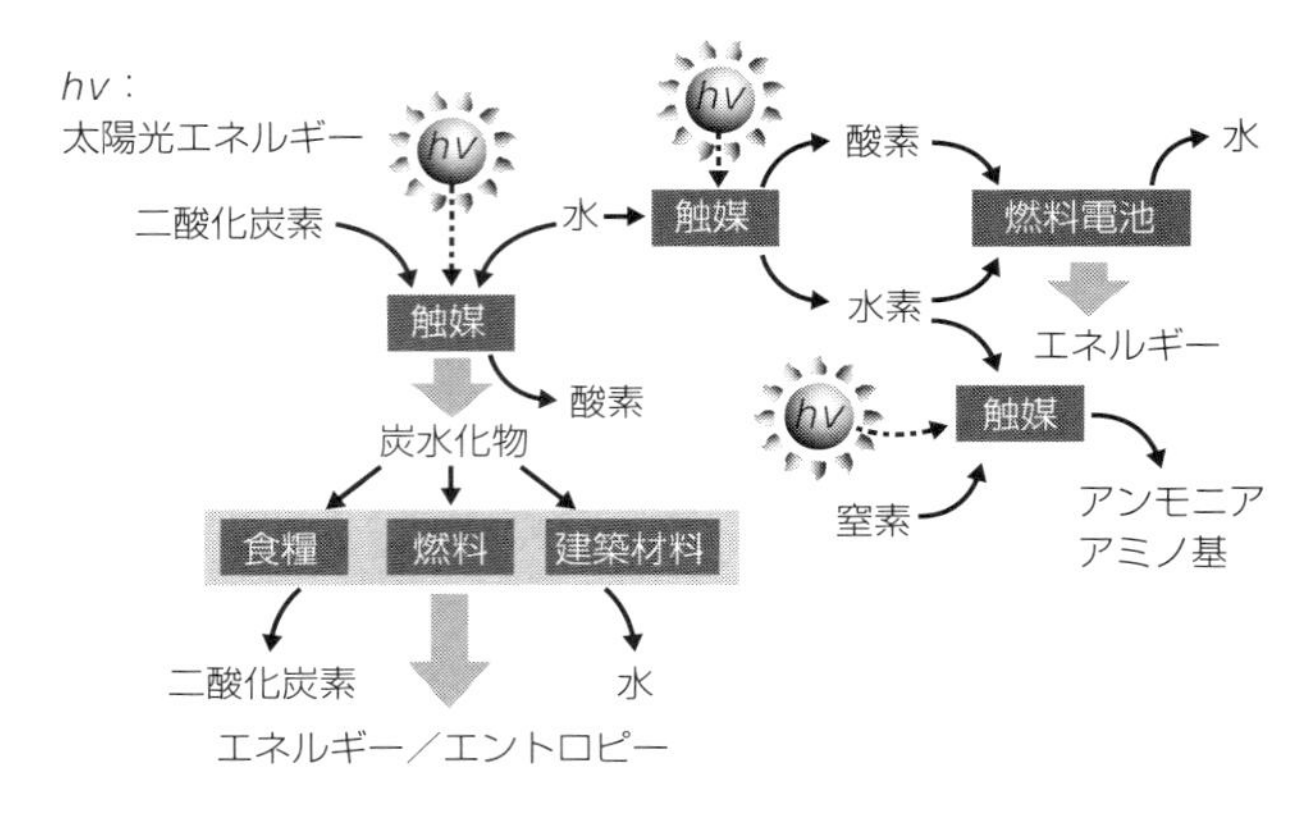

fig 4.2　SACLA、SPring-8が創る循環型社会（資料・理化学研究所）

力コスト、23億円の半分ですみ、建設コストも約３００億円前後と見積もっています。

スプリングエイトは、「真空封止型アンジュレーター」と呼ぶ超強力磁石からなる放射光を作る装置（挿入光源）を世界で初めて標準装備した。それは世界の放射光のスタンダードな仕様となり、米国、台湾、中国、豪州、スウェーデン、スペインなどが続々と建設、今後の計画も少なくない。これからの日本が先進製品によって「富」を得続けるためにも、新世代のスプリングエイト計画の実現が急がれるゆえんだ。

●第5の光

このスプリングエイトに続き、理研は、放射光科学総合研究センターに、これまた世界をぶっちぎる新たな実験施設を完成させている。Ｘ線自由電子レーザー施設「ＸＦＥＬ」だ（後にSPring-8 Angstrom Compact free electron Laserの略称として「ＳＡＣＬＡ（さくら）」と命名された）。沈教授が光合成の触媒をよりよく見たのがこの実験施設だ。

２０１１年６月に初めてそのレーザーを走らせることにに成功したが（発振成功）、東日本大震災直後だったために大きなニュースにはならなかったのは残念だった。私がその建設中の現場を訪ねたのは発振成功のおよそ1年前のことだが、説明を聞いて唖然とするばかりだった。そのＳＡＣＬＡの唖然ぶりを10項目にまとめると、こうなる。

①第5の光＝Ｘ線自由電子レーザーとは、レーザーと放射光のハイブリッド進化型の光。私は、可視光、Ｘ線、レーザー、放射光に続く「第5の光」と呼んでいる（認知された用語ではないので念のため）。
②強力な光＝ＳＡＣＬＡの光のパワーは太陽の光の１００億倍×10億倍（気絶しそう）。
③超高解像度＝波長が短いＸ線レーザーはきわめてシャープな光で、それは月から地球上のアリ１匹が見えるのに匹敵する解像度だ。
④シャッター速度が１０００兆分の１秒＝ＳＡＣＬＡの光の瞬き（パルス）は１００兆分の１秒を上回る。光合成のような化学反応はピコ秒（1兆分の1秒）からフェムト秒（１０００兆分の

1秒）で起こっているため、その化学反応の瞬間を止めてとらえることが可能だ。
⑤電子ビームの物量＝「X線自由電子レーザーという光」を作るには、まず強力高速の電子の塊（電子ビーム）を1秒間に100億個撃ち出さなくてはならない。そこで、セリウムボライトという金属を1500℃に加熱して電子ビームを出し続けている。この高温に耐えるものつくりの成果もスゴイ。
⑥自由電子レーザーの加速＝1秒間に100億個からなる電子ビームを加速するため、まず2メートルの銃身（加速器）に通す。ぐんぐん加速させるため加速器は128個も連なっており、全長は400メートルにおよぶ（その端から端まで歩いて規模を実感しました）。
⑦レーザー発振＝400メートルの加速管を突き進み、ほぼ光速となった電子ビームは、強力ネオジム磁石が560個並ぶ5メートルの装置（アンジュレーター）に飛び込むと、光速で蛇行しながら放射光を発する。このアンジュレーターは18個連結しているため、放射光は超強力かつきれいに波長が揃った光、「X線自由電子レーザー」となる。
⑧装置の超精密工事＝装置は超安定性が必須のため、岩盤に杭を140本打ち、かつコンクリートの床を平滑にするため凸凹が200分の1ミリメートル内におさまる特殊床コンクリート研削装置を開発。月の引力で装置が動くことも想定した設計を行った。
⑨スプリングエイトと連携＝SACLAで作ったXFELは、隣接するスプリングエイトに導

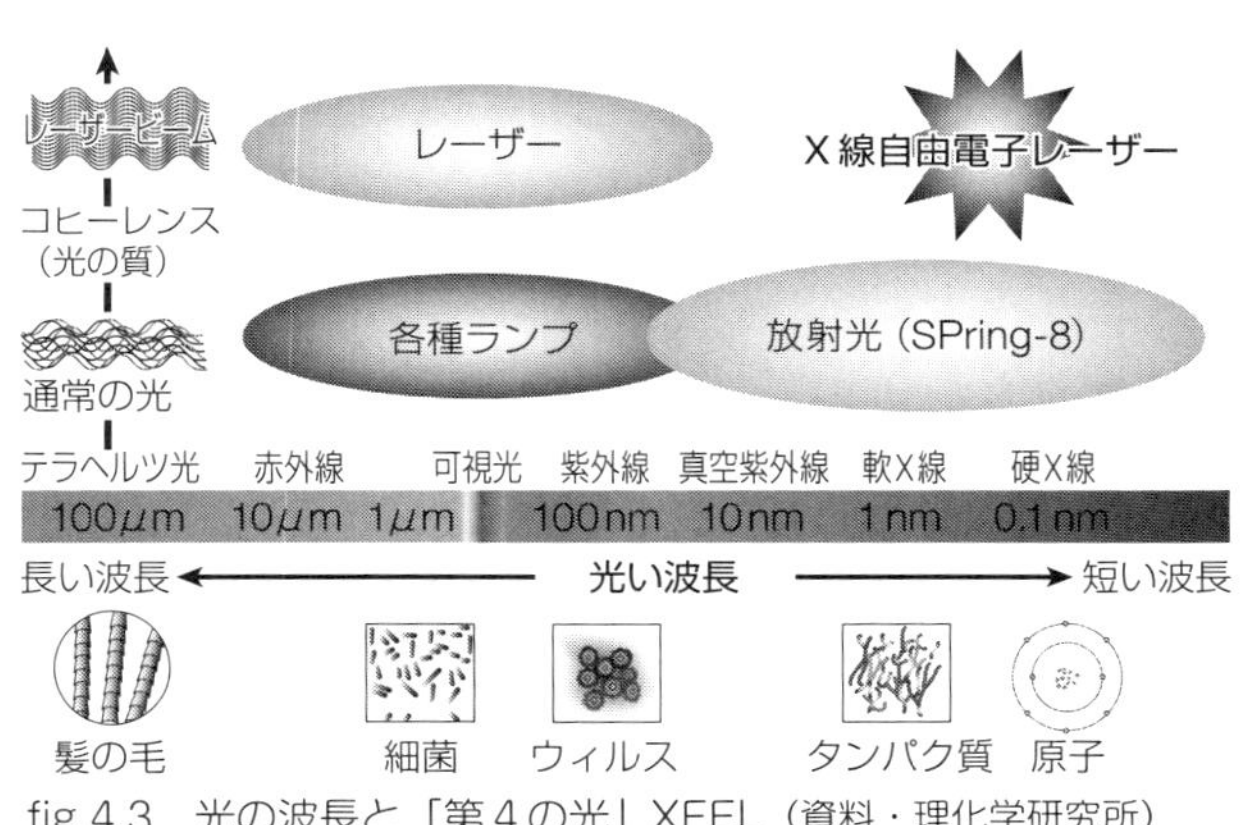

fig 4.3　光の波長と「第４の光」XFEL（資料・理化学研究所）

き、その能力を飛躍させることも可能。
⑩スパコン「京（けい）」と連携＝ＳＡＣＬＡでは物質の原子構造などを1秒間に60枚撮影できるが、データ量は膨大。そこで、光ファイバーで理研のスーパーコンピュータ「京」にデータを送り、解析することもできる。

●「何が」から「なぜ」へ

こうして1億分の1〜100億分の1ミリメートルの分子や原子をくっきりと見る手段を日本は米国に続いて手にしたが、アメリカの施設（ＬＣＬＳ）は建屋が1・5キロメートルと長い。ＳＡＣＬＡは日本の技術力によって７００メートルとアメリカの半分以下におさめることができた。２０１７年には欧州12ヵ国が共同プロジェクトとしてドイツにＸＦＥＬを完成させるが（European XFEL）、全長は約3・4キロメートルだ。発振するためのエネルギーも、日本は欧米に比べて省エネを実現。建設費もドイツが10・82億ユーロ（約1300億円、2017年2月の換算）で米国が6・15億ドル以上（約626億円、2009年完成時の換算）だが、日本は約390億円ともっともコストパフォーマンスが高い。

1世紀前、仁科チームは、日本最初のサイクロトロンを作るにあたって米国が提供してくれると約束してくれた設計図をアテにしていたが、結局「渡せない」と言われ苦労を重ねたが、仁科加速器研究センターのRIビームファクトリーとともに、理研が100年を経て欧米をはるかに引き離す加速器を手にしたことは感慨深い。

山根　SACLAも6年目を迎えますね。

石川　当初はビームライン（XFELを利用する蛇口）が1本でしたが3本に増設しました。

山根　どう利用されていますか？

石川　2012年以降、公募に対して大学、国公立の研究機関、産業界（企業）、海外機関を合わせて629の応募があり、307が採択されています（2016年後期まで）。4分の1が海外からの提案です。先ほどお話しした光合成による水分解反応を担っている触媒の解明は、科学誌『Science』による2011年の10大業績「ブレークスルー・オブ・ザ・イヤー」に選ばれましたが、さらにSACLAを使い、その触媒の原子構造をとらえることに成功できたの

fig 4.4　完成直前のSACLAの内部（写真・山根一眞）

は、ＳＡＣＬＡならではの１００兆分の1秒（10フェムト秒）という短いパルスのおかげで、Ｘ線による放射線損傷が少なくすんだからでもあるんです。ＳＡＣＬＡによる成果は、２０１４年11月に『Ｎａｔｕｒｅ』誌で発表され、大きな話題となりました。

この世界では、「何が」起こっているかはわかっていても、「なぜ」起こっているかがわからないことが多いんです。その「なぜ」が原子レベルでわかれば、科学のみならず産業界にも大ブレークスルーがもたらされます。我々は、その「なぜ」を探るためにもスプリングエイトの進化系を早急に実現し、またＳＡＣＬＡの幅広い利用を促していきたいと思っています。

●２００人の支援研究者

スプリングエイト、そしてＳＡＣＬＡはスケールがきわめて大きいだけに運用も大変だ。スプリングエイトだけでも、年間延べ利用者は約1万５０００人に達している。企業への利用サポートや日々の施設の管理、技術的な改善なども大仕事だ。そこで理研は１９９０年（平成2年）、施設管理と利用促進を担うマネージメント組織、公益財団法人高輝度光科学研究センター（ＪＡＳＲＩ）を発足させた。放射光科学総合研究センターと同じ場所にあるＪＡＳＲＩの現在の理事長は、元理研の主任研究員で、バイオプラスチックによる繊維を作る酵素研究などを続けてきた土肥義治さんだ。

山根　年間1万5000人が利用って、大変な数ですね。

土肥　研究者は数日から十数日のあいだ滞在して実験に取り組むので、1日でいうと400〜500人がここにいるわけです。研究者以外のスタッフが約600人ですので、ここの食堂では毎日3食、1100食を提供しているんですよ。

山根　維持管理のスタッフはどういう仕事を？

土肥　JASRIだけで320人いますが、200名が研究者です。

山根　企業のプラントなどの維持管理の技術職とは違うんですか？

土肥　違います。彼らは研究者として技術開発や研究開発もしているんです。大学の研究者が利用する場合、スプリングエイトにしろSACLAにしろ、研究をするためには目的に応じた検出器の開発やデータ解析が必要です。「光のビームをできるだけ細く強くしてほしい」といったリクエストを受けて、世界と競争できる技術に利用研究者とともに取り組んでいるんです。どこにでもある市販の装置を使った研究では、だれもが同じような成果しか得られない。一方、世界に一つしかない技術、装置を使った研究であれば、だれも思いつかない、いい結果が出せる可能性が大きくなります。世界と闘っていけるいいサイエンスをするには、いい技術、オンリーワンの技術を創っていかなくちゃいけない。それが、彼らの使命なんです。

山根　企業の出身者が中心ですか？

土肥　いや、ほとんどが大学の出身で、彼らは科研費（日本学術振興会が交付する学術研究助成金）を得ているケースも多いですね。いわば、施設運営の仕事が研究でもある。また、7割は利用者のために働きますが、3割は自分自身の研究にあてていて、ここを退所してすぐに東京大学や京都大学の教授になった研究者もいます。ここでしかできない、世界で初めての技術開発や利用経験が身につくので、大学に移ってからの自分の研究で花が開くんです。

●タイヤ革命

土肥　スプリングエイトでは年間1000本くらいの論文が出ています。これは日本全体で出ている論文の約1パーセントですが、発表から2年後の「被引用トップの1パーセント」の割合は2・36パーセントと高いんです。世界の研究者が選んだ「自然科学系の影響力が大きい学術誌68誌」に掲載された年間論文数（機関別）で見ると、国内では理研が圧倒的に1位ですが、JASRIが6位。これは、JAXA（宇宙航空研究開発機構）やNICT（情報通信研究機構）などを上回っています。SACLAも論文が出始めていますが、先ほどの「トップ1パーセント」でいうと、11・8パーセント（2015年）。SACLAから出た論文の10本に1本がトップ1パーセントというのは、科学の世界の常識ではありえない成績です。SACLAの論文は201

6年度は70本になると思います。国からは「もっと出せ」と言われていますがね。

山根　企業の利用で成果は？

土肥　産業利用ではトヨタ自動車が排ガスの触媒で大きな成果を得ています。もっともその技術は公開されていないので、どんなすごい発見によって、どんなかたちで何がどう実現したのかはわからないんです。一方、成果の公開に積極的なのが住友ゴム工業です。

山根　スプリングエイトやSACLAを駆使して、とんでもなく省エネの自動車タイヤを発売したと聞いていますが。

土肥　タイヤのゴムには10～100ナノメートル（1億分の1～1000万分の1メートル）のカーボンブラック（炭素微粒子）が含まれていますが、これがゴムの中でうまく混ざっていないと摩擦熱を出す。しかしその挙動はわかっていなかった。そこで、どうすれば抵抗を小さくできるかの、いわば分子設計をしたんです。スプリングエイトだけではなく、J-PARC（茨城県東海村）の中性子の加速器を、さらに理研のスーパーコンピュータ「京」も駆使してナノレベルでの設計を行い、高性能低燃費タイヤ「エナセーブPREMIUM」が誕生しました。

山根　石川さんが、「日本中のクルマをあのタイヤに替えればどうなるか試算したところ、年間のガソリン節約額は8000億円になる」と言ってました。

土肥　スプリングエイト、SACLA、スパコン「京」を駆使し自動車タイヤの省エネ革命を起

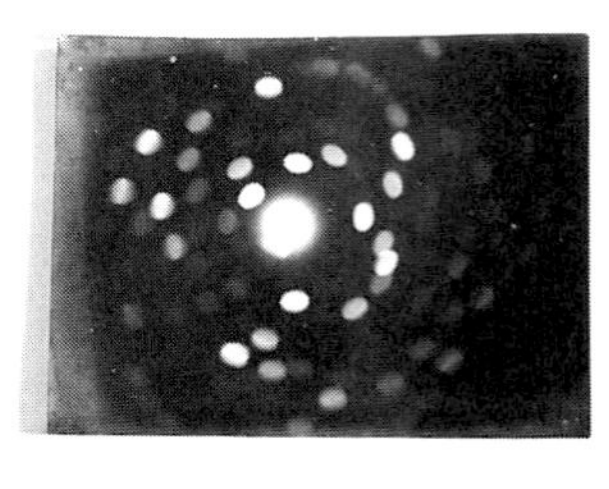

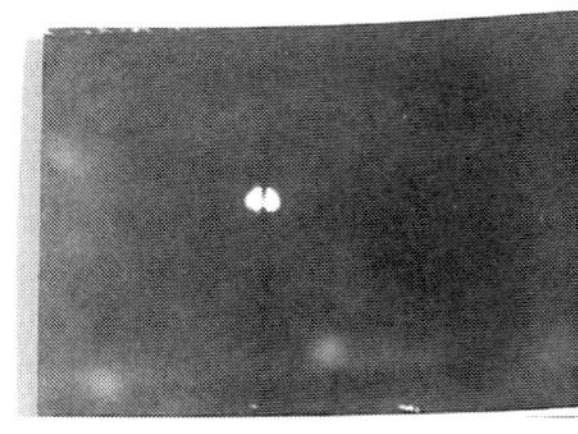

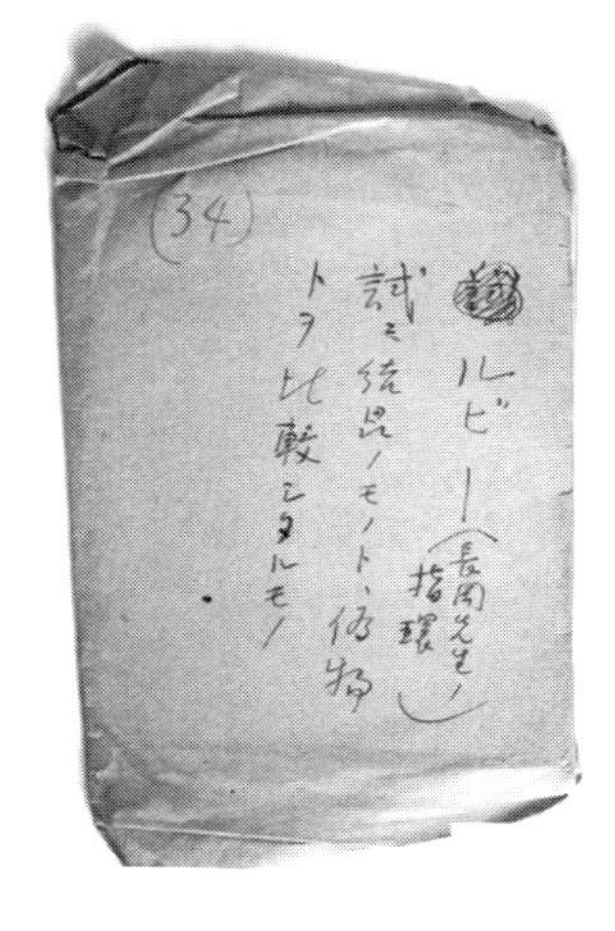

fig 4.5　左上が長岡半太郎博士によるルビーのX線回折像。左下はニセモノの像。(写真・理化学研究所)

こせたことは、住友ゴム工業にとっては企業イメージの大きなアップになりましたね。

スプリングエイトの円周1・4キロメートルというリング内には、放射光が飛び出すいわば「蛇口」(ビームライン)が62ヵ所設置可能だ(現在は計画中の1つを含め57が稼働中)。それぞれの「蛇口」に沿って実験室が57あるのだ。その内訳は、19が大学や企業の「専用」で、理研専用が9、共用が26、加速器試験用が2。専用のビームラインを作るには約10億円かかるため、全ビームラインの設備費約500億円のうち、約4割が外部負担という計算だ。これらの「蛇口」ビームラインはほぼ満杯状態で、年間の運転時間は5000時間におよぶ。石川さんも口にしていたスプリングエイトの大リニューアルは火急の課題であることが頷ける。

土肥さんは、「世界と闘っていける」「オンリーワンの成果」「花ひらく」といった言葉を何度も口にした。それは、理研が１００年間抱き続けてきた緊張感であり、理念なのだと思う。ＳＡＣＬＡの施設のエントランスに、理研の史料室で見た西川正治博士のガラス乾板のＸ線回折像をプリントした写真が掲げてあるのは、その１００年の理念を忘れるなという戒めなのだろう。ちなみにもう1点掲げてあるＸ線回折像が２点並んだ写真は、同じ時代に長岡半太郎博士が妻に贈った指輪のルビーがホンモノの結晶かニセモノ（非結晶）かをＸ線で確かめた写真だった（もちろんホンモノだったが）。

第5章　100京回の瞬き

●理研生まれの用語

宮城県の仙台駅からおよそ4キロメートル、歌にも唄われてきた青葉山の緑深い山あいの起伏に沿って、数多くの真新しい建物が続く。2007年（平成19年）に建設が開始された東北大学の青葉山キャンパスだ。その先、道路脇に「熊に注意」の標識がいくつも目に入る森林の中の道をさらに2キロメートルほど進んだところに、理研のテラヘルツ光研究グループの拠点である3階建てのビルがある。なぜ、理研の拠点が仙台にあるのだろう。

地区の事務室長である青田祥信さんによれば、理研と仙台との縁は深く、大正時代に東北帝国大学内に理研の本多研究室が開設されたことに始まる。「磁性鋼（KS鋼）」を発明し「鉄の神様」と呼ばれた本多光太郎だ（後に東北帝国大学総長）。理研は1990年代末から東北大学とは教育研究協定などで結びつきを深め、また、東北地方の産業活性化プログラムや国の新技術創成政策を受けてきた。東北大学は光通信の父、西澤潤一さん（元東北大学総長）の地元ということも「光」研究に向いている。地域と連携して研究を進め、産業界に寄与することも大きな目的だ。研究者15名程度、地区全体でも四十数名のグループだが、ここは世界でもトップのテラヘルツ光研究拠点だという。

「テラヘルツ光研究グループ」は理研・光量子工学研究領域の一部門だが、そもそも「テラヘルツ光」とは何なのか。一般の人には縁のない難しい基礎研究と受け取られそうだが、まったく違っていた。テラヘルツ光研究グループのグループディレクター、大谷知行（おおたにちこう）さんに聞いた。

大谷　電波も赤外線も可視光もX線も紫外線も、みな電磁波です。波長の大きい部分は「電波」として広く利用されています。波長がより短い赤外線は人の体から体温という熱によって放射もされていて、暖房でもお馴染み。さらに波長の短い波が「見る」ことができる可視光です。「透過性」が高い電波はラジオやテレビで使われ、携帯やスマホは少し波長が短い電波です。壁の向こう側からでも通信ができるのは、電波の「透過性」ゆえです。電子レンジも電波の利用で、短い波長の電波を食材に当てて、食品の水分を熱くして加熱しています。

山根　電子レンジ、アメリカでは「マイクロウェーブ（極超短波）」と呼んでいますね。

大谷　そう、ごく短い波長の電波の利用です。そして、赤外線ほどは波長が短くないが、我々が

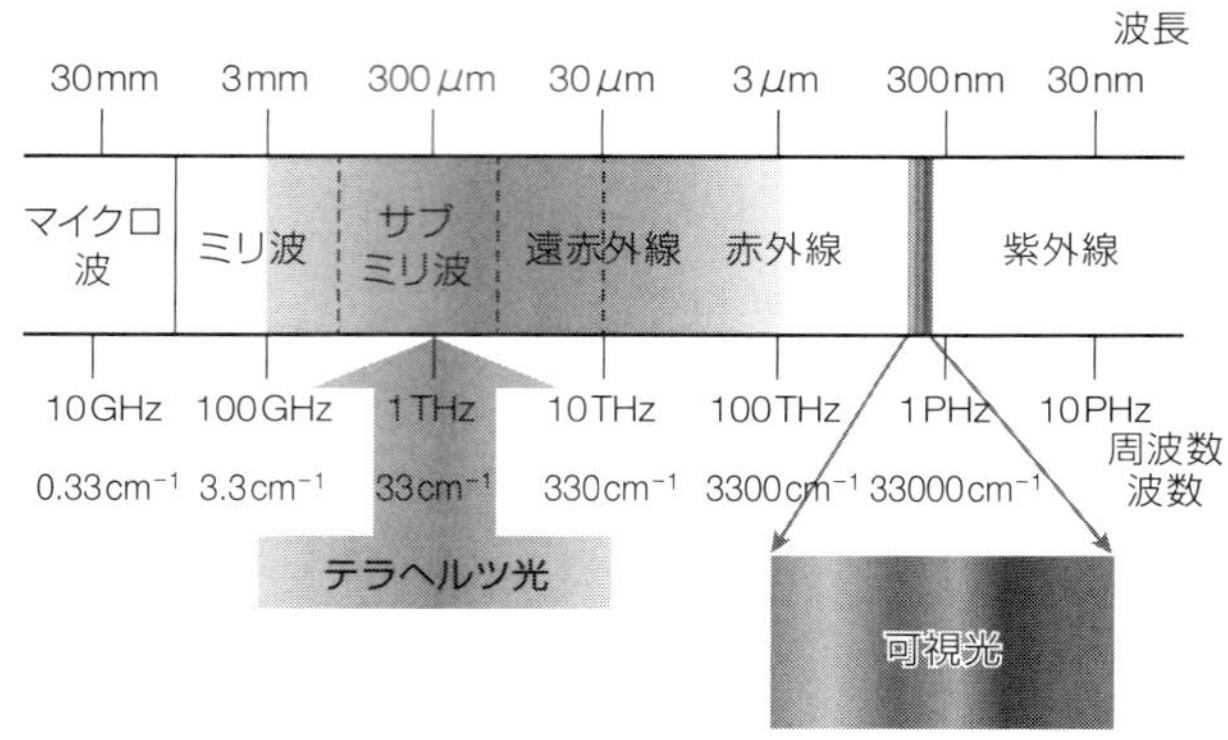

fig 5.1　電磁波とテラヘルツ光

利用してきた電波よりははるかに波長が短い部分、そこを「テラヘルツ光」と呼ぶんです。

山根　それ、電波天文学でいう「サブミリ波」と同じこと？

大谷　重なっています。電磁波はこのあたりになると電波と光の両方の性質をもつので、利用目的によって「波」と呼んだり「光」と呼んだりしているんですね。

山根　「テラヘルツ波」と言ってくれればよかったのに。

大谷　すみません、「テラヘルツ光」は理研が作った言葉です（笑）。これまで利用もされなければ研究もされてこなかった未開拓の世界なので、我々はここを開拓して幅広い利用の技術に取り組んでいるんです。

●しっとりお肌

山根　テラヘルツ光の特徴を簡単に言うと？

大谷　「透過」する電波ではもっとも波長が短い。波長が短いため、テラヘルツ光で「透過像」を撮るときわめて解像度が高い画像が得られます（高空間分解能）。

山根　その「透過性」と高い「分解能」を活かして何を見る？

大谷　これは、うちの研究員が遊び半分でテラヘルツ光で撮った麻雀の牌です。裏返しているのにどんな牌か見えているでしょう。

山根　あれま、「テラヘルツ光眼鏡」が普及したら、国が推し進めている博打場はつぶれるわ。

大谷　その開発予定はないです（笑）。産業利用では、医薬品検査があります。錠剤のコーティングの厚さは胃や腸で溶ける速度や時間を決めている大事な部分ですが、テラヘルツ光ならその厚みのムラが見えます。火力発電所の蒸気タービンの羽根は高温に耐えるようセラミックでコーティングしていますが、簡単にチェック可能。同様にクルマの塗装の厚みムラも調べられる。化粧品メーカーからは、化粧品を塗った後のお肌の潤い状態を知りたいというリクエストがありましたが、これもテラヘルツ光できれいに見えます。テラヘルツ光を使えば、よりしっとりの化粧品が開発できるはずです。

山根　お化粧はクルマの塗装と同じだった（笑）。

大谷　ディーゼルエンジンは、排ガスに含まれるススを除去するフィルターをつけていて、ススがたまると高温にして燃やしています。

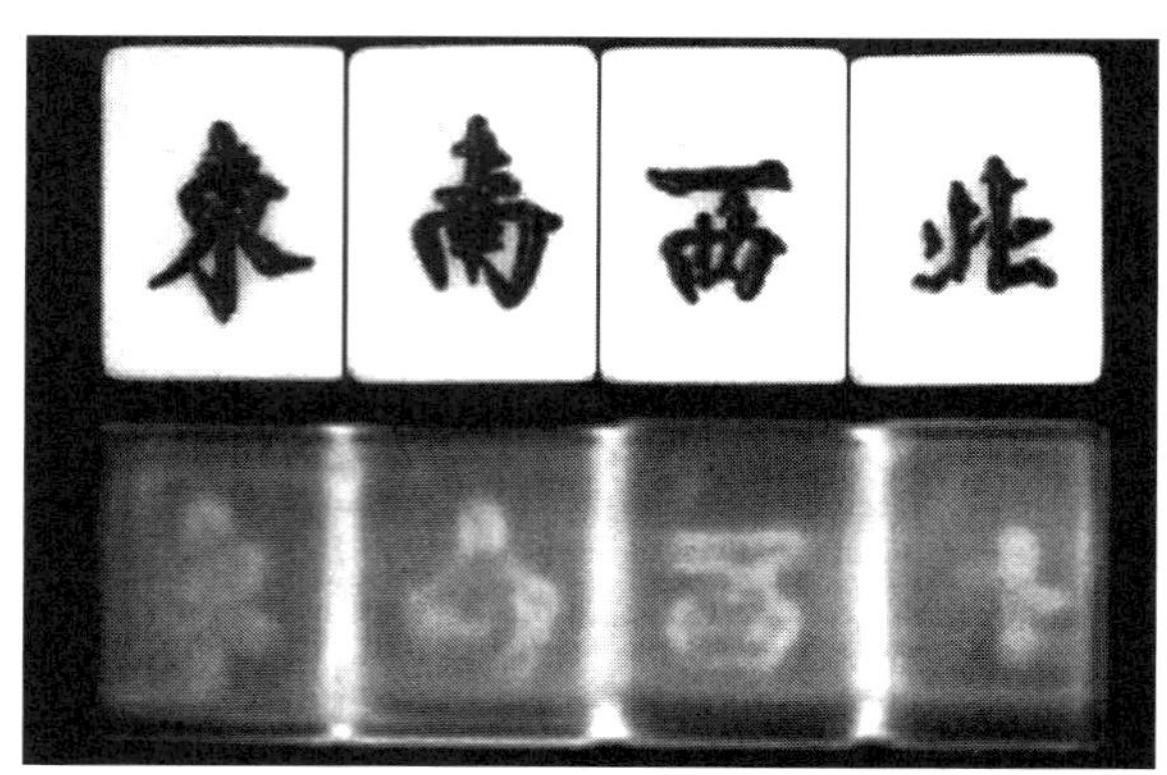

fig 5.2　テラヘルツ光では裏返した麻雀の牌が読めてしまう（写真・理化学研究所）

山根　観光バスに「燃やすため20分止まります」とやられたことがありましたよ。

大谷　スス、つまりカーボンのたまりぐあいも外からわかります。

山根　でも、X線でも同じような「透過像」は撮れるでしょう?

大谷　X線は透過する力が強いので、かえって細かな部分が見えない欠点があるんですよ。そのためテラヘルツ光は、さまざまな透過画像を得る道具としてきわめて有力な手段なんです。もっとも細胞を使った実験で、その生体安全性を確かめる研究は並行して進めていますが。

山根　空港の荷物チェックはX線を使っていますが、テラヘルツ光に変えればいい?

大谷　その研究は十年来続けていて、メーカーによる検査機器も完成しています。

●シンデレラの魔法の杖

山根　X線とは見え方が違う？

大谷　違います。期待していただきたいのが分光計測。麻薬や覚醒剤、爆発物の物質を特定するチェックです。荷物にテラヘルツ光を照射すると、この光が当たった物質によって、出てくるスペクトルが異なります（スペクトル＝光をプリズムに当てると虹のように波長の異なるいくつもの光、波が出る現象）。砂糖、アスピリン、覚醒剤、合成麻薬、爆発物を使い比較実験を重ねましたが、きれいに検出識別できています。麻薬は国際郵便物で送られているケースが多いのですが、日本に届く国際郵便や小包は1日20万以上にのぼります。これは税関にとっては大仕事ですが、郵便物を開封せずに摘発できるようになりますよ。

山根　その実験のために麻薬や覚醒剤、ここだけの話、こっそりヤクザから購入？

大谷　違います！　麻薬取扱者免許という怖い名の免許をとっています。覚醒剤を小分けにする「パケ」と呼ぶ小さな袋を警察で見せてもらったことも。

空港の荷物チェック用のテラヘルツ光検査機の普及は２０２０年の東京オリンピックには間に合わないというが、手荷物検査に時間をとられる問題の解決に貢献しそうだ。乗客の手荷物検査

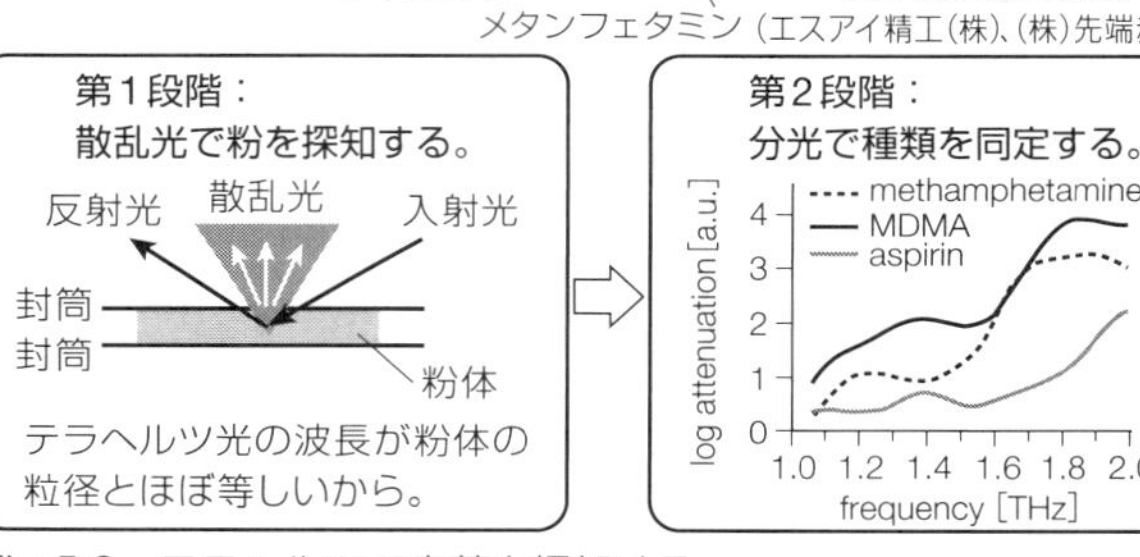

fig 5.3　テラヘルツで麻薬を探知する

は新幹線では行っていないが、テラヘルツ光を使えば、通過するだけで危ないものを検出できる可能性もあるという。実用化目前の具体的な「製品」がこれほど数多くあることには驚いたが、ここまでの話はものつくりメーカーのエンジニアから聞いてきた開発物語のようでもある。しかし、これから先は、理研ならではというストーリーになった。

大谷　生体を構成しているタンパク質は常にぐにゅぐにゅと形を変えていますが、その動きの速度と周期（振動）がテラヘルツ光と同じだとわかってきています。

山根　ということは、そこに外部からテラヘルツ光を当てれば、病気のもとであるタンパク質を病気を起こさない形にぐにょぐにょと変えることができる？

大谷　鋭いご指摘です。そこが今、とてもホットなところなんですが、とても難しい。タンパク質が振動するといっても、どのタンパク質がどの振動に対応しているのかを突き止めるのは大変です。さまざまな振動が混じっているため、知りたいタンパク質の振動がどれなのか……。

山根　オーケストラのスコア（五線譜）から狙いの音を見出すようなこと？

大谷　そうです。骨格のメロディーをとらえる必要があります。

山根　人間用の「テラヘルツ光電子レンジ」に入ってチンすると健康になる、とか。これじゃテレビ・ショッピングですけど（笑）。がん治療の可能性は？

大谷　話題となったアメリカ発のニュースですが、ゾウにはがんが少ない。それは、がんを抑制するタンパク質「ｐ５３」を作る遺伝子がヒトには２つしかないが、ゾウには38あるためだ、と。先週、その研究者に会ってきましたが、彼らもテラヘルツ光でそのタンパク質を制御できないかと取り組んでいるそうです。

我々は、タンパク質ではなく、プラスチックにテラヘルツ光を当てる実験を続けています。プラスチックを溶媒に溶かしテラヘルツ光を当てながら乾燥させると、結晶化度が20パーセントも増えることがわかった。もし、結晶化度を１００パーセントにできれば、金属より強い素材になると言われていますから、素材革命が起こせる可能性があります。

fig 5.4　波長（周波数）を自在に変えられるテラヘルツ光源（写真・山根一眞）。2017年3月、テラヘルツ光源研究チームの瀧田佑馬さん、縄田耕二さん、南出泰亜さんらは、東京工業大学との共同研究で、高感度の検出装置の開発に成功。

山根　シンデレラに出てくる魔法使いがカボチャを馬車に変身させた「魔法の杖」だわ。

●ビッグバンの謎解き

テラヘルツ光の光源は、近赤外レーザーなどの光をニオブ酸リチウムなど半導体結晶に注入することで作り出す。実験室では若い研究者たちがさまざまな試作結晶をもとに、テラヘルツ光源のパワーを上げる研究に取り組んでいた。また、テラヘルツ光の検出器の開発も進んでいる。さらに、大谷さんが話していた、さまざまな物質にテラヘルツ光を照射して得る「分光」だが、そのデータベースも公開、このデータの「ビュー」は年間3万6000におよぶ（世界78ヵ国）。

大谷さんとの対話は尽きず日がとっぷりと

暮れてしまったが、話題は大容量の光通信や宇宙科学にまでおよんだ。
「宇宙のあらゆる方向から同じ強い電波が観測された」という論文が天文物理学雑誌『Astrophysical Journal Letters』で発表されたのは52年前の１９６５年（昭和40年）のことだ。その発見者はアメリカの電波科学者、アーノ・ペンジアス（１９３３〜）とロバート・W・ウィルソン（１９３６〜）の２人で、その発見によって後にノーベル物理学賞を受賞している。宇宙の全域に観測されるその電波は宇宙マイクロ波背景放射と呼ばれ、宇宙創生時のビッグバンの名残であることが明らかになる。その電波の波長は1ミリメートルがピーク、つまりテラヘルツ光だ。

大谷さんがこの分野に詳しいのは、京都大学、そして東京大学で赤外線天文学を研究、その後、神奈川県相模原市の宇宙科学研究所でX線天文学に取り組み、X線の検出器作りに携わっていた経験があるからだ。その師の一人が、X線天文衛星「ひとみ」の開発にも携わった理研・宇宙観測実験連携研究グループのディレクター、牧島一夫さんだった。牧島さんは理研チームを中心に、２００９年から国際宇宙ステーションの日本実験棟「きぼう」で観測を開始した全天X線監視装置（ＭＡＸＩ）の開発に携わったことで知られる。大谷さんは、X線の検出器作りの延長線で理研でテラヘルツ光に取り組むことになったのである。

宇宙マイクロ波背景放射の微弱な偏光したミリ波（テラヘルツ光のいちばん周波数の小さい

波）の観測がまだ十分でない。そこで大谷さんは高エネルギー加速器研究機構（ＫＥＫ）の研究者と共同で、その検出器を「一生懸命作っている」。それが完成すれば、その検出器を搭載した口径20センチメートルの望遠鏡で観測を開始する計画だ。その観測に成功すれば、「数百ある宇宙創生の理論モデルがぐっと絞れるはず」という。「宇宙背景放射を発見した」という発表があった年に生まれた大谷さんが、同じテラヘルツ光とはいえ、麻薬の探知から宇宙創生の解明まで取り組めるのは、間口が広い理研ならではの自由な研究環境ゆえだろう。

●見えないものを見る

テラヘルツ光研究グループは、理研の光量子工学研究領域に属する。その領域長である緑川克美さんを和光市の理研に訪ねた。

緑川　我々の領域名「光量子工学」は、英語ではアドバンスト・フォトニクス（Advanced Photonics）です。フォトニクスにエンジニアリング、工学という意味を込めています。理研では「サイエンス＝科学」を冠した部署が圧倒的に多いんですが、エンジニアリングという名をもつ研究領域はここだけです。野依良治前理事長が、「光は社会に役立つはずだから工学と入れなさい」と提案したことによるものです。

「フォトニクス」は「光工学」を意味する。光通信が広く普及しているように、光工学は電子工学と並んで社会を支えている。光は電磁波という波の一種だが、粒子としての性質ももつ。その光の粒子は光子（または光量子）と呼ばれる。「光量子」と聞くと難解な基礎科学の世界の話と思ってしまうが、農業や園芸に欠かせない光のエネルギー量を測る測定器の製品名を「光量子計」と呼ぶように、身近なものになっている（ネット通販で注文すれば、７万円ほどするが翌日には届きます）。

緑川　この領域で私が考えた標語は「Making the invisible visible」。「見えないものを見よう」というものです。「見える」ようにすることで、その世界を理解し、制御し、実用可能な装置を開発し、社会に役立てる。仙台のテラヘルツ光はそのひとつですが、理念はスプリングエイトやＳＡＣＬＡにも通じています。産業革命以降の技術発展、社会基盤をたどると、19世紀が蒸気機関、20世紀が電子技術、そして21世紀は新しい光・量子技術が中心になる。物質、材料、生命科学、情報通信などあらゆる面で光技術の役割は大きくなっていますから。

山根　わかりやすいですね。具体的には、どんな分野に取り組んでいますか。

緑川　大きくわけて、「量子・原子光学」「アト秒科学」「超解像イメージング」そしてテラヘル

fig 5.5　アト秒パルスレーザーとその計測装置（写真・山根一眞）

ツ光を含む「テラフォトニクス」の4分野です。

山根　突然、難解になった(笑)。引き続き、わかりやすく……。

緑川　私自身が取り組んでいるのは、非常に短い光の「パルス＝瞬き」を作り、それでモノを見ることです。超高速で動いているものを止めて見るんです。

山根　ふつうのデジカメでも、ストロボの一瞬の「瞬き」で撮影すれば、水しぶきも止まって写りますけど。

緑川　カメラのストロボフラッシュは1万分の1秒程度の瞬きです。あのイメージですが、私たちが狙っているのは、見る対象が超高速で動いているので、さらに短い光の瞬きでなければ止まって見えません。分子の回転なら1兆分の1秒（1ピコ秒）、分子の振動なら1000兆分の1秒（1フェムト秒）、そして原子内の電子の動きであれば100京分の1秒（1アト秒）の瞬きが必要なんですよ。

山根　「原子の周囲を電子が回っている」と簡単に口にしてきましたが、その速度を考えたことはなかったなぁ。

●日本発の「秒の定義」へ

緑川　光は1秒間に地球を7周半、30万キロメートル進みますが、1アト秒では0・3ナノメートル（30万分の1ミリメートル）、ほぼ水の分子サイズを通過する距離です。このアト秒の光の瞬きを使い原子の挙動がわかれば、新しいエネルギーや新しい機能を持った新素材が開発できるでしょう。分子の動きを見る1000兆分の1秒（1フェムト秒）の瞬きの光は1980年代に実現しており、さらに速い原子を見るアト秒は2001年にドイツのグループが成功しています。

山根　その他にも光の可能性を追求する研究は？

緑川　我々が力を入れているのが、世界で最も精度の高い時計を作ること。つまり、100京分の1秒（アト秒）の正確さをもった時計です。宇宙が始まってから現在までの138億年が過ぎても1秒も狂わない精度の時計です。

山根　溜め息……。正確な時計はデジタル通信でも必須。スマホで写真1枚送るのでも、情報を刻んでパッケージにして送っているため（パケット通信）、どこで刻んだかの正確な時間情報を送信側と受信側が持っていないとデータは復元できない、と。カーナビでも欠かせない全地球測位システム＝GPSも、超正確な時計が前提の技術ですよね。

緑川　時間はあらゆる科学技術の定数の基本です。現在、世界の標準時計はマイクロ波を使って決めています。マイクロ波の1秒間の振動数が基準なので、100兆分の1秒の精度ですが、それを光の振動数にすれば100京分の1秒へと精度が向上します。現在の世界標準時は3000

万年に１秒ずれますが、時空間エンジニアリングチームの香取秀俊チームリーダー（東大教授を併任）が作った138億年で１秒も狂わない時計は光格子時計と呼ばれ、これをもとにした世界標準時を世界に提唱した2001年以降、研究を継続中です。この分野では世界の20グループが競争をしていますが。

山根　日本は勝てる？

緑川　勝てるでしょう。そうなれば10年後に開催される国際度量衡委員会による「秒の再定義」で、日本がアジアでは初となる「秒の定義」をすることになります。

山根　「113番元素」に続く快挙だわ。

●SFか現実か

香取さんのチームは、その光格子時計を使い「時空のゆがみ」すら測ることを可能にした。重力の大きさによって時間の進み方が異なるというアインシュタインの相対性理論は理論だけの世界かと思っていたが、その観測に成功していたとは！　標高の高いところと低いところに光格子時計を置き、時計の進み方の差の違いを調べたのだ。高い山は重力が小さく、低い山は重力が大きい。もっとも観測した２ヵ所の高低差はわずか数センチメートルだったが、そんなごくごくわずかな高低差（＝重力差）でも、時計の進み方が違う「時空のゆがみ」を確認できたというのは、ほとんどSFの世界だ。香取さんはこう記している。

アインシュタインの相対性理論に啓発されてダリが描いた「時間の固執」に登場する「やわらかい時計」を彷彿とさせる世界観が現実となり、私たちの古典的な「時空」認識は変革を迫られます。このとき原子時計はもはや時間合わせの道具ではなく、曲がった時空を照らし出すプローブ（筆者註・探査器）としての役割を担い、新たな計測技術を創出するでしょう。たとえば、重力シフトを高精度に検出することは、地底に眠る資源の探索や地殻変動を観測する、いわば相対論的測地学ともいうべき新たな分野を切り拓くツールとなります。（科学技術振興機構サイトより）

緑川　地下に直径10メートルくらいの鉄球が埋まっていても「時空のゆがみ」で検出できるので、資源探査にも役立ちます。香取さんと話しているのは、これを富士山の周囲に置いてはどうかというアイデアです。マグマが上昇してきたことがわかるので、噴火予知が可能になるはずです。こういう時計が実験室でできつつありますが、今後は外に持ち出せて簡単に使えるコンパクトサイズにすることが課題です。

山根　見事！「カトリ時空ゆがみ計」、ぜひ実用化を急いでください。

●産業革命は光合成で

緑川　「超解像イメージング」も大きな柱です。「光で物を見るときは、光の波長の半分の大きさしか見えない」という「回折限界」を我々は古い教科書で習いました。「ナノ」技術が普及してきましたが、細胞の中のナノサイズの器官などは通常の光ではもはや見えない。それを見えるようにしたのが、独自に開発した蛍光顕微鏡（超高速共焦点スキャナ）と超高感度カメラのシステムを組み合わせた、共焦点顕微鏡システム（ＳＣＬＩＭ）と呼ぶ方法です。

山根　とてつもなく凄そう。

緑川　自慢のシステムです。高速で精細な撮像を行ったデータをコンピュータで処理することで、「回折限界」を大きく超えて、生きている状態の細胞の小さな器官を３次元ビデオでとらえることができるようになったんです。植物が行っている光合成の反応メカニズムが解明できれば、エネルギーや食糧問題の解決につながると言われていますが、チームは光合成反応を行っている葉緑体の内部の反応の解明に力を入れてます。

山根　スプリングエイトやＳＡＣＬＡでも光合成の解明を聞きましたが、期待大です。

緑川　新幹線のトンネルの内壁や橋などのインフラの劣化部分をレーザーで見つけ出す非破壊検査の新しい方法も開発していますよ。こういうインフラのコンクリートは、人間と同じくらいの寿命なので、これからニーズは大きくなります。まだまだ社会のお役に立つためのお宝の研究が山とありますよ。

光量子工学研究領域は、日本原子力研究開発機構、高エネルギー加速器研究機構、東京大学、土木研究所など10を超える大学や研究機関と連携、またトヨタ自動車や新日鐵住金、トプコン、キヤノンなど民間企業とも共同研究を進めている。理研をコアに１００年目の「超・理研産業団」が総力をあげて大産業革命を起こしてほしいと思う。

第6章 スパコンあっての明日

●170億円のコスト削減

２００９年（平成21年）、世界は新型インフルエンザの流行に震えあがった。Ｈ１Ｎ１型と呼ばれるウイルスによるもので、ＷＨＯは「パンデミック６＝世界的大流行」として警戒を呼びかけたが、約２万人が亡くなって終息した。この新型インフルエンザが大きな脅威とされたのは、Ｈ１Ｎ１型ウイルスの遺伝子が、１９１８年（大正７年）に流行が始まったインフルエンザ（スペインかぜ）ウイルスと同じ遺伝子部分を持っていたからだ。スペインかぜによる死者は４０００万人とも１億人とも言われ、日本でも50万人近くが犠牲になった。２００９年のＨ１Ｎ１型ウイルスが同様の猛威をふるえば、日本だけでも死者は60万人に達すると警告されていた。こういう「パンデミック」の脅威は今も続いている。

２０１６年（平成28年）11月、理研の統合生命医科学研究センターと東京理科大学生命医科学研究所の共同研究チームは、２００９年のＨ１Ｎ１型ウイルスも使い、ウイルスに対してワクチンがどう働いているのかを解明し、新たなワクチン戦術を手にしたと発表した。

インフルエンザに限らず人類は生存をおびやかす数多くの病に見舞われ続けているが、その発症のメカニズムの解明や病因であるタンパク質の挙動を分子レベルでとらえ、そこをシャープに狙い撃ちする分子（薬）を見出す試みが始まっている（分子標的薬）。

その新しい薬の開発＝「創薬」で欠かせない手段が、スーパーコンピュータ（以下「スパコン」と略）だ。私が次世代スパコンをめぐるシンポジウムの司会をした際、製薬メーカーの研究者が、「もはや従来の方法での創薬ではすべきことがなくなっている。スパコンによる創薬は必須だ」と発言したことが忘れられない。新薬の開発には数百億円という投資が必要で、製品化までには長い時間がかかるという問題も大きい。では、スパコンは「創薬」で成果を出してくれているのだろうか。

東京大学先端科学技術研究センターの特任教授、藤谷秀章さんのチームは、理研のスパコン「京（けい）」で分子標的薬の開発を可能とするソフトウェアを開発、それを使いがん細胞を狙い撃ちするタンパク質を２個見出し、世界初の「分子標的薬」として前臨床試験に入っている。こういう薬の候補の絞り込みには従来の研究開発では約２００億円はかかるが、スパコン「京」を使ったことで１７０億円のコスト削減ができたという。

●2位ではダメ

こういう「京」だが、そもそも「スーパーコンピュータ」とは何か。日本のスパコン開発の先達として富士通を支えてきた山田博さん（１９２９～２０１３）は、『スーパーコンピュータ』（裳華房刊）で、こう書いている。

スーパーコンピュータには明確な定義は存在しない。強いて言えば「その時点で存在する最高速のコンピュータ」がスーパーコンピュータである。

「京」は「最高速」ゆえに、従来のコンピュータでは不可能だったことを可能にしたのだ。新しい工業素材や電子部品の開発、生命活動の解明、気象予測、医療技術、災害対策、宇宙の解明、新エネルギー源の確保、さらには複雑な社会現象の予測など、「京」でできるようになったことは膨大だ。刃先がごく小さな彫刻刀しか持っていなかった料理人が、刃先が長く切れ味のよい包丁を手にすれば、見事な料理が手際よくいくらでもできるようになる。その包丁を持つ国と持たない国では、国力には大きな差が出るのは明らかだ。理研は、日本は、そういう世界一の道具を手にしたのだ。

理研が開発主体となったスパコン「京」は、神戸空港に近い埋め立て地、神戸市中央区港島南町でその建屋の建設が続いていたが、２０１０年（平成22年）10月1日、「京」の運営を担う理研・計算科学研究機構（ＡＩＣＳ）の設立式典にこぎつけた。ＡＩＣＳはスタッフ２３０名（２０１６年4月現在）からなり、機構長には「京」を中心とした計算科学の拠点作りに携わってきた計算化学者で元東大副学長の平尾公彦さんが就任した。

私は建設中のここを何度か訪ねていたが、真新しいＡＩＣＳの建屋前に設けられた算盤のタマを串刺しにして積み上げたようなモニュメントを見るのは初めてだった。そのタマの数は17個。完成したスパコンが1秒間に17ケタ、すなわち1京回の計算ができることを表現しているのだとわかった。愛称が一般公募で「京」と決まっていたが、私はその選考委員長だったため式典で発表するため招かれたのである。「京」はこの日初めて報道陣にも公開された。

もっとも式典の会場はＡＩＣＳ内の会議室で、担当大臣の姿もない簡素なものだった。ビールで乾杯を交わす祝賀会もなく開所式は終わった。私は「京」命名の報告のため壇上に上がったが、一同、表情がかたいままなので、「お祝いの日ですからにこやかに」と口にしたところ、やっと皆さんは笑顔を見せてくれた。一同の表情がかたかったのは、前年11月、民主党政権によって日本の先進的な科学研究を根こそぎつぶす決定が下された「事業仕分け」（行政刷新会議）のトラウマがまだ尾を引いていたからだろう。蓮舫参議院議員（現・民進党代表）の「（日本のス

fig 6.1　上・計算科学研究機構（AICS）設立式典の様子。左端には立花隆さんの姿も。中と下・神戸ポートアイランドにあるAICSのビル（写真・山根一眞）

ーパーコンピュータが）世界一になる理由は何があるんでしょうか。２位ではダメなんでしょうか」という絶望的な発言を受け、「京」はすでに建屋が俊工間近にもかかわらず、一時、廃止の憂き目にあった。幸い予算は復活し完成にこぎつけることができたが（２０１２年、民主党は記録的な大敗で政権を失い、今日まで「２位ではダメ」をみせてくれている）。

●864台の赤タンス

式典後に披露されたスパコン「京」は、赤く塗られた大きめの「タンス」のような筐体（システムラック・重さ約１トン）だった。50×60メートル（３０００平方メートル＝約９１０坪）という体育館ほどの広さの計算機室に、その「タンス」がずらりと整列、その数は８６４台という壮観さで、これ全部がつながってひとつのコンピュータ、スパコン「京」なのだ。「タンス」の中にはシステムボードが24枚あり、頭脳にあたるＣＰＵ（中央演算装置などと呼ぶ）の数は合計96個、全体では８万２９４４個におよぶ。その計算能力は、当時のデスクトップパソコン50万台分に相当した。開発製造は富士通の担当だ。

単にコンピュータを並べてつないだだけではスパコンとしての機能を発揮できないが、「京」は８万２９４４個のＣＰＵなどが一体となって、１兆の１万倍＝１京回の計算を１秒間でこなす。

fig 6.2　上・2011年7月1日、「京」の最後のシステムラックが運び込まれる。中・864台の「タンス」が並んだ完成直前の「京」の全貌。下・AICS設立式典の後、「京」を説明した横川三津夫さん（写真・山根一眞）

ＡＩＣＳ調査役の辛木哲夫さんによれば、その能力はこうなる。

「地球上の70億人全員が1秒間に1回計算できたとすると、1京回の計算をするには約17日間かかります。これを1秒で処理する計算速度を持つわけですが、『京』を動かすには12・7メガワットという大電力が必要で、それは淡路島の全住宅の消費電力の約半分に相当します。しかし『京』は世界トップの省エネ設計で、パソコン50万台分の消費電力で換算すれば、8分の1です。コンピュータは熱を発しますが、温度が高くなるとエラーが起きやすくなったり故障の原因にもなるので、『京』は大規模な空調設備を備え、システムボードに張りめぐらせた金属パイプに水を循環させて冷却しています」

こうしてデビューした「京」は、テストランの段階で世界最速をみせ、スパコンの「ＴＯＰ500」ランキングで2期連続1位となる。「その時点で存在する最高速のコンピュータがスーパーコンピュータである」の定義にしたがえば、「京」は世界でスパコンと呼べる唯一のマシンの座を得たことになる。

計算速度が速いスパコンが求められるのは、ある条件のもとで、何が起こるのかを計算によって模擬実験（シミュレーション）し、予測したいからだ。その「シミュレーション」は、こうたとえることができる。

ヘビとネズミを同じ場所に置いたらどうなるかがわかっていないとする。そこでまず、ヘビとネズミを別々に分け、それぞれを徹底的に観察し行動パターンを調べる。次にコンピュータ内に設けた仮想の箱にヘビとネズミのデータを入れ、さまざまな条件でおたがいがどういう行動をとるか、時間を追って計算で描き出す。ふつうならヘビはネズミを捕まえて食べようとするが、気温がマイナス5℃であったり、激しい雨が降っていたり、ネズミの数が1000匹であったりと、条件によってはその行動が異なってくる。1000匹のネズミがいた場合、ヘビは何匹まで食べるのか。1000匹のネズミの体温に囲まれ続けたヘビはどういう行動をとるのか。こういう実験を実際に行うのは難しいが、コンピュータ内の仮想実験箱であれば、「ヘビはどういう条件ならネズミを食べる」という究極の答えが見つかり、ネズミが生き残る方法が見いだせる。

長いこと科学は、「実験」と「理論」の両輪で成り立つと言われてきたが、スパコンの登場で、「実験」と「理論」に「計算科学」（シミュレーション）が加わった。「第3の科学」と言われるゆえんだ。科学の世界にまったく新しい手段、要素をもたらしたのがスパコンなのである。ヘビとネズミであれば、なんとか実験室でも調べられるだろうが、対象が分子や原子となれば、超高速のコンピュータなしでは不可能だ。

●熱き走り

では、具体的にはどんなシミュレーションが行われてきたのか。

スプリングエイトや高輝度光科学研究センターで聞いた、あの住友ゴム工業の画期的低燃費自動車タイヤはその好例だ。住友ゴムは、放射光を使いタイヤのゴムに含まれるナノサイズ（1億分の1〜10億分の1メートル）の粒子の姿、挙動をとらえることに成功。エネルギーロスの原因を突き止め、放射光で得たデータをもとにスパコン「京」を駆使し、理想的なタイヤを分子レベルで設計できたのだ。

放射光施設では、長岡半太郎が妻に贈ったルビーの結晶を確認したのと同じ「回折像」で観察をしたが、回折像を結ぶのがはるか先であることがわかり、160メートル先に検出器を置く工夫をしたという。「こんなことが可能な放射光施設は世界でもスプリングエイトだけだ」と、かつて同社の岸本浩通さん（材料開発本部）は語っていた。こうして、長いこと「暗黒領域」と言われていたタイヤゴムのナノサイズの3次元構造を見ることもできた。

タイヤは走行すると熱くなる。その発熱は、クルマの燃費低下の2割に影響している「転がり抵抗」によるエネルギーロスだ。世界では四輪自動車だけでも約12億台（2014年末）がタイヤを履いて走っている。地球温暖化の原因であるCO_2排出量を減らすためにも、この「転がり抵抗＝発熱」の解決は大きな課題だが、そのメカニズムがわかっていなかった。

岸本さんのチームが見つけたことのひとつは、ゴムの骨格材料（ポリマー）と結びついているシリカ（二酸化ケイ素）などの補強材料（フィラー）の粒子の動きによる発熱だ。もっとも、そ

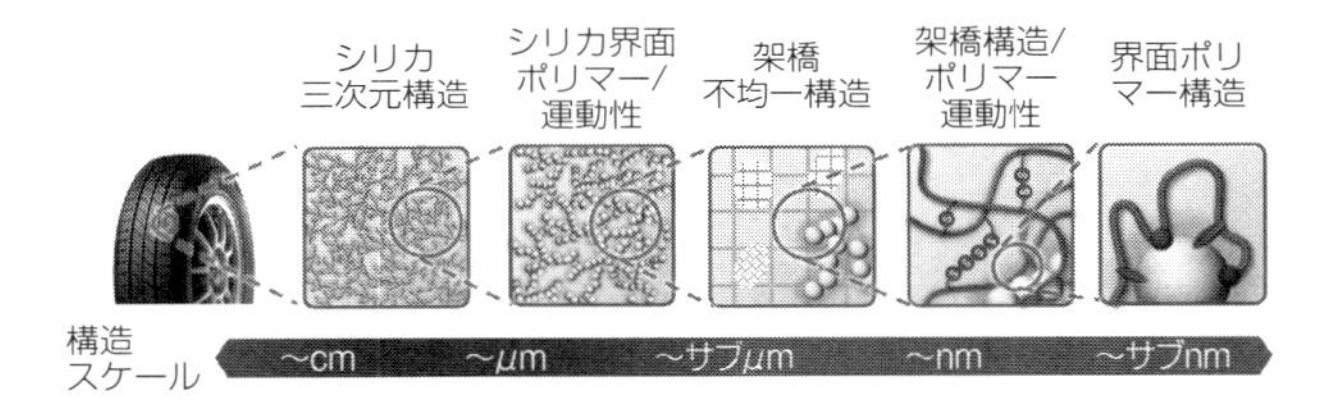

fig 6.3　ゴム中に形成された階層構造（資料・住友ゴム工業株式会社）

の補強材料はタイヤ強度（摩耗性能）を上げることに貢献している。摩耗性能を失わずに転がり抵抗を減らすために、ナノレベルで見る実験を続けたのである。

同社常務執行役員の中瀬古広三郎さんによれば、粒子の挙動がナノサイズでわかったものの、それをもとにシミュレーションするためには、社内のコンピュータでは計算が不可能だった。しかし「京」は、それを可能にしてくれた。放射光に加えＪ－ＰＡＲＣ（大強度陽子加速器施設）で得た発見、そして「京」を駆使した分子設計の蓄積をもとに、同社は「エナセーブＰＲＥＭＩＵＭ」「同ＮＥＸＴ」など先進的な7種の低燃費タイヤを販売しているのである。

住友ゴム工業は１９０９年（明治42年）、英国ダンロップ社の工場を誘致して神戸市で創業したが、およそ１００年を経て同じ神戸市にある「京」によって、ダンロップによる加硫法に続くゴムのイノベーションを手にしたのである。

●数十億×1兆回の計算

タイヤのゴムに限らず、スパコンによるシミュレーションは、小さく区切ったひとつひとつの挙動を計算し、それらを積み重ねた計算を行うことで全体の動きがどうなるかを求めている。天気予報でも、コンピュータの計算によるシミュレーションが使われているが、地域をある大きさの格子で区切り、方眼紙の目のひとつひとつについて、気温や気圧、雨、風などデータを入れ、それらの物理現象がどのような相互作用をするかを計算し、天気の変化つまり天気予報を出している。その計算のひとつひとつの区切りは1キロメートルより大きいが、「京」は30秒ごとの最新の気象データを100メートルという小さな区切りに取り込み計算することで、ゲリラ豪雨の予想を可能にする研究に成功している（2016年8月）。

ちなみに天気予報は気象庁が専用のスパコンで行っており、「京」はリアルタイムの天気予報は行っていないが、天気予報や台風などのシミュレーションをどう行えばよいのか、といった基礎研究ではきわめて大きな役割を果たしている。

こういうシミュレーションには、細胞の中の分子や原子の挙動を知ることでも共通している。計算科学研究機構の粒子系生物物理研究チームは、その細胞を詳しく知る計算とはどういうことかを次のように説明している。

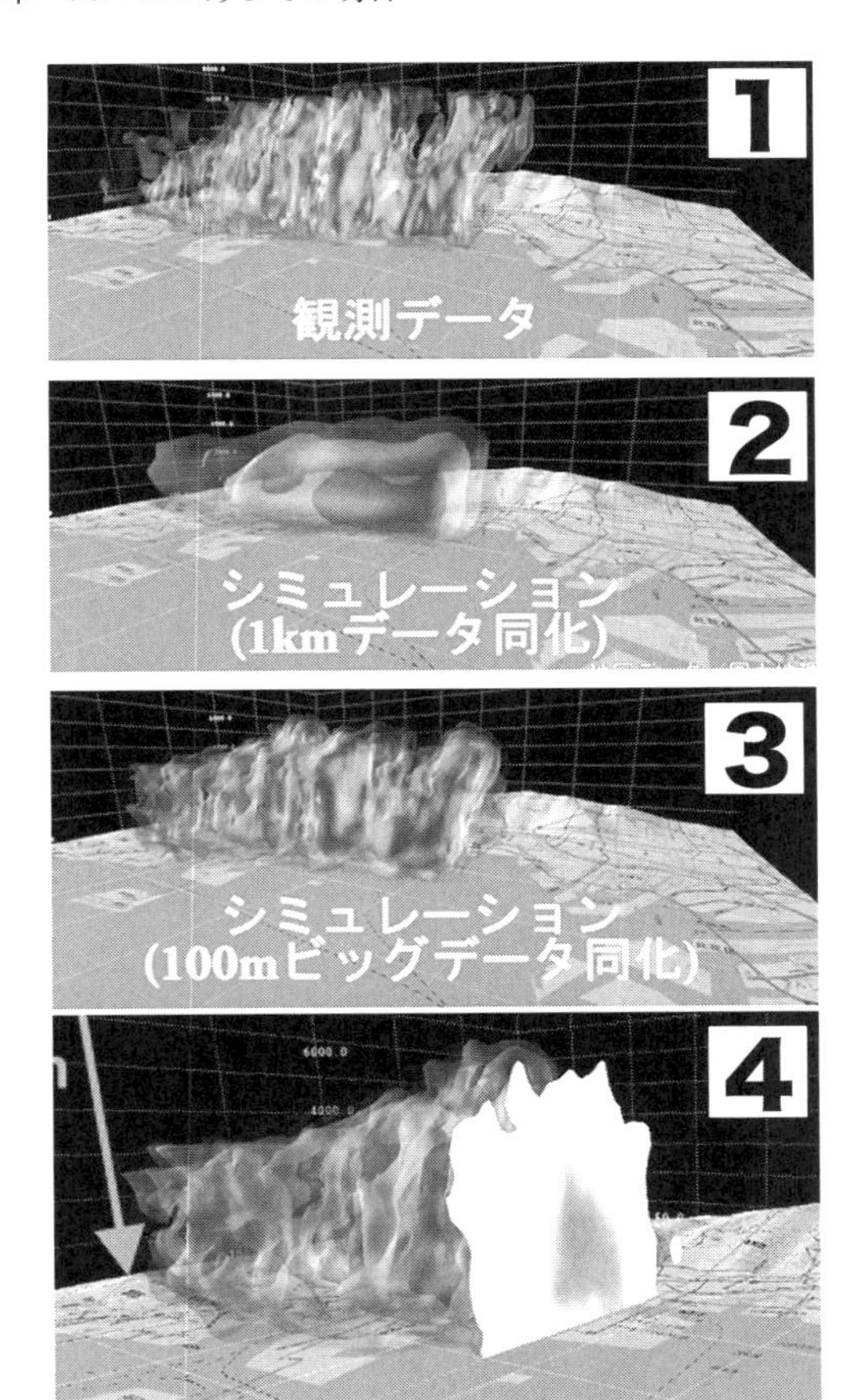

fig 6.4　AICSデータ同化研究チーム（三好建正チームリーダー）と情報通信研究機構、大阪大学などの国際共同研究グループが最新鋭気象レーダとスパコン「京」で開発したゲリラ豪雨予測手法。①観測データ　②1kmメッシュでのシミュレーション　③同100mメッシュ　④100m四方単位でのゲリラ豪雨予測が可能（資料・理化学研究所）

原子の数で約1000～10万個分にもなるタンパク質分子のシミュレーションには膨大な計算が必要です。原子1個のサイズがサッカーボール1個分とすると、タンパク質は大きなもので50メートルプールくらい。タンパク質や水、脂質といった分子の集合である細胞一個ともなると、例えば赤血球（幅10ミクロン、厚さ2ミクロン程度）は4000メートル級の山が20キロ続くような山脈くらいの大きさになります。

細胞の動きを追うためには、とてつもなく大きな空間の中でひしめき合うたくさんの原子同士がお互いに力を及ぼしあっている状態を計算しなければならないのです。しかもタンパク質分子などの動きは非常に速いため、1000兆分の1秒（1フェムト秒）刻みで計算させる必要があります。仮に1000分の1秒（1ミリ秒）ぶん、タンパク質分子の動きを調べようとしても、何億、何十億という原子について1兆回計算することになります。計算の速い、高性能なスーパーコンピュータでも、分子レベルからタンパク質や細胞の動きを調べることは非常に大変なことです。

想像することもできない規模の計算だ。この細胞内のケースでは「京」ですら追いつかない高速計算が必要だったが、粒子系生物物理研究チームは2015年、この大変な計算を「京」で可能にする計算ソフトウェア「GENESIS」を開発した。それによって、コンピュータの中に、実際の細胞内と同じ環境で1億個の原子が集まっている状態を再現、原子がどういう動きをするかの高速シミュレーションを可能にした。このような、シミュレーションをより高速かつ高精細にするための研究がいろいろと行われており、ＡＩＣＳプログラム構成モデル研究チームの丸山直也チームリーダー、モハメド・ワヒブ特別研究員と東京工業大学学術国際情報センターの青木尊之教授が開発したソフトウェアは、次世代のスパコン上でも使えるため、米国で開催された「高性能計算技術（ＨＰＣ）に関する国際会議」で最優秀論文賞を得ている。こういう次世代スパコンにも通じるソフトウェアを日本が開発できたのも、「京」があったからこそだ。

●国家予算の計算精度

１９９０年代の末、米国の西海岸、シリコンバレーの一角でコンピュータ博物館を設立準備中の倉庫を見せてもらったことがある。そこには、１９４６年（昭和21年）、ペンシルバニア大学が作った真空管式の最初のコンピュータ「エニアック」の一部、細長いラックが置いてあった。そのラックの裏側には真空管がびっしりと並んでいたが、ラジオ少年時代に大好きだった６ＳＮ７ＧＴという真空管が使われているのを知り、頰ずりをしてしまった。実際のエニアックは、重量約30トン、幅30メートル、真空管約１万８０００本からなるお化けマシンだった。その開発を依頼したのは陸軍弾道研究所だ。砲弾を標的に向けて発射し的中させるには、高度、気温、空気密度、風速、風向、地球の自転まで含めた複雑な計算が必要だったからだ。

この最初の電子式計算機から「京」のデビューまで66年が経過したが、この間のコンピュータ、そしてスパコンの進化、その先について、AICSの離散事象シミュレーション研究チームリーダーで東京大学准教授の伊藤伸泰さんに聞いた。

山根　伊藤さんにとっての「計算」の原点は？

伊藤　税務署員で算盤の達人だった父ですね。モノサシのような横に長い算盤を、時には2台置いて計算していましたよ。1台は計算用、1台は途中の計算結果を記録しておくメモリとして使っていました。後になって気づいたんですが、国家予算は現在では約100兆円です。その計算では、1円のミスも許されない。つまり精度15ケタの計算です。計算精度15ケタは、人類が取り組んできた最も精度の高い計算です。父は、そういう計算を算盤でしていたんです。僕は学生時代に「量子電磁気学」の計算をひたすらやっていたことがありましたが、そこで求められる計算精度は13～14ケタでした。おお、これは国家予算より精度が悪いぞと思いました。

山根　壮大な「計算」の世界は身近なところにあるものだ、と。

伊藤　コンピュータが正確な計算を高速で行えるようになったのは、半導体の進化のおかげです。たとえば我々が使っているスマホにはおよそ10億個のトランジスタが入っているはずです。

山根　真空管1万8000本のエニアックの5万6000台分か。

伊藤　「京」には、そういうコンピュータが8万2944台、エニアックのおよそ50億台分で成り立っているわけです。スパコンは数だけで勝負しているのではなく、8万2944個のCPUのひとつにでもエラーが発生すれば、役に立ちません。エラーの最大の原因は熱ノイズですが、その対策も万全。「京」の見学はガラス越しの部屋からのみで内部には入れませんが、それもエラーを防ぐためです。世界のスパコンの中でも「京」は最も信頼性が高い印象です。

●八ヶ岳と富士山

山根　伊藤さんは、スパコンを使い社会のシミュレーションを行うことを目指しているそうですが、それ、最近よく耳にするようになった「ビッグデータ」ですか？

伊藤　実際に起こった人の行動をかき集めたビッグデータは、起こった行動のひとつのパターンにすぎません。たとえば何百万通りの行動パターンのひとつですから、ビッグデータだけを見ているのでは、何が起こるかの予測は十分ではないんです。そこで、理研で立ち上がった革新知能統合研究センターとも共同して、スパコンを使ったシミュレーションを人工知能に学習させ、社会的な行動予測をする方法を創造する準備を進めています。

山根　巨大地震や津波が襲来したときに、人がどう避難すべきかの予測とか？

伊藤　それは一例です。津波災害でも、波の大きさや発生場所、時間、天候、地震による地盤の崩れなどによって、人々の行動は軽く数百パターンは出てきますから。

山根　そうか、巨大自然災害は完全には防ぐことはできない、そのため「防災」ではなく「減災」の努力が必要だと言われるようになりましたよね。そこで、数百、数千の想定被害パターンをもとにすれば、どのような状況、どのような津波が来ても被害を少なくできる最適な工事や対策を見いだせますね。

伊藤　5年ほど前から、社会モデルに取り組むグループに科学技術振興機構からお金を出してもらい、また最近では文科省のポスト「京」の枠組みの中で走っているんです。理研は大学よりもはるかに自由度があるので、こういうプロジェクトが可能なんです。

山根　「京」と同じ、あるいはそれ以上の能力を持つスパコンを各大学が持つ計画が進んできましたが？

伊藤　僕たちは「八ヶ岳」と呼んでいます。「京」を中核に全国に設置するスパコンを高速ネットワークでつなぎ、計算科学を日本の国力の柱に据えようと文科省が打ち出した構想「革新的ハイパフォーマンス・コンピューティング・インフラ（ＨＰＣＩ）」です。突出した富士山がひとつあるのではなく、八ヶ岳のような連峰型の計算資源の構築です。コアとなる全国の9大学と海洋研究開発機構や統計数理研究所などを結ぶ。こういう構想が出てきた背景には、「京」だけでは需要が賄いきれなくなっていることもあります。

山根　「京」は、混んでいる？

伊藤　稼働率が高くものすごく混んでいるため、1ユーザーが長時間使うことができないんですよ。2016年1月末のデータでいうと、予定した保守時間が4・2パーセント、想定外の保守時間が2・3パーセントとちょっと大きいですが、残りの稼働時間の93・5パーセントを利用者が使っていることがわかります。計算科学は最も新しい、あらゆる分野にとって有力な科学になりました。

山根　全国の大学に「京」、あるいは「京」を超えるスパコンを設置となると、1ヵ所に数百億円は必要？

伊藤　いえ、1ヵ所に100億円もかかりません。2002年（平成14年）に稼働開始したスパコン「地球シミュレータ」のあたりから「ムーアの法則」を越え始めているんですよ。

山根　「半導体の集積率は18ヵ月で2倍になる」という法則。その法則によって、価格も加速度的に低下してきた。

伊藤　その「ムーアの法則」はCPUについてですが、通信速度などその周辺がCPUをはるかに上回る速度で性能を上げ続けているため、同じ性能のスパコンを高速でつなぐネットワークの構築も安く作れるようになっているんです。

山根　「京」の存在意味は小さくなるということ？

伊藤　それも違います。フラッグシップとしての「京」があるからこそ、スパコンで何ができるか、どう使えばいいかがわかり、「八ヶ岳」の構想も作れたわけですから。

●次世代「京」へ

山根　地球シミュレータの完成記念シンポジウムで私は司会をしているんですが、会場に軍服姿の米軍将校の姿が多かったのには驚きましたよ。

伊藤　地球シミュレータは、計算速度40テラフロップス（1秒間に40兆回の計算）という、当時では圧倒的な能力をもつ世界一のスパコンとして登場したため、米軍としても見過ごせなかったのでしょう。アメリカの新聞は、それを「コンピュートニク」と報じましたよね。スパコンのトップランキングを発表している「ＴＯＰ５００」の組織委員の一人、ジャック・ドンガラ氏が、「日本のスパコンは、アメリカ人に１９５７年のソ連による人類初の人工衛星、スプートニクの打ち上げ成功に匹敵する衝撃をもたらした」と語ったことからそう言われたのです。地球シミュレータは、地球温暖化の進行が地球にどのような危機をもたらすかをシミュレーションで示し、それが世界を低炭素社会へ向ける大きな力となりました。

アメリカのみならず各国は、日本が世界トップのスパコンを作ったからこそ、より高性能スパコンの開発へ拍車をかけたわけです。「京」は、その地球シミュレータの後継マシンとして、再び世界トップを目指して登場したわけです。

山根　そういう競争のスパイラルがあってこそ文明は進歩するが、そのイニシアチブを日本がとってきたのは頼もしい。「2位じゃダメなんですか」という寝ぼけた発言は論外だ！

伊藤　「京」のような突出したフラッグシップのスパコンがあるからこそ、ＨＰＣＩのようなインフラ整備も可能ですし、次世代のスパコンの構想にも取り組めるわけです。

２００６年から理研・次世代スーパーコンピュータ開発実施本部で「京」の実現に携わってきた横川三津夫さん（ＡＩＣＳ客員主管研究員、神戸大学大学院教授）も、「スパコンは、それを支える人材がなければ成り立ちませんが、『京』は次世代のスパコンを支える人材を、企業人も含めて育ててきたことは間違いない。大学でもスパコンは学べますが、『京』のような巨大なシステムはありませんからね」と、この5年間をふり返っている。

理研は、文科省による政策を受けて「京」の１００倍程度の実効性能を目指す、世界トップレベルのスパコン、「ポスト『京』」の開発に取り組んでおり、２０２０年過ぎの稼働開始を目指している。富士通はその基本設計段階に入っているが、「ポスト『京』」が取り組む9つの重点課題と4つの萌芽的課題が選定され、理研やＨＰＣＩのグループを中心にその具体的な議論やアプリ

カテゴリー	重点課題名
健康長寿社会の実現	01 生体分子システムの機能制御による革新的創薬基盤の構築
	02 個別化・予防医療を支援する統合計算生命科学
防災・環境問題	03 地震・津波による複合災害の統合的予測システムの構築
	04 観測ビッグデータを活用した気象と地球環境の予測の高度化
エネルギー問題	05 エネルギーの高効率な創出、変換・貯蔵、利用の新規基盤技術の開発
	06 革新的クリーンエネルギーシステムの実用化
産業競争力の強化	07 次世代の産業を支える新機能デバイス・高性能材料の創成
	08 近未来型ものづくりを先導する革新的設計・製造プロセスの開発
基礎科学の発展	09 宇宙の基本法則と進化の解明

fig 6.5 「ポスト『京』」フラッグシップ2020の重点課題

ケーションの開発が進んでいる。その取り組みは広く紹介されているが、3日や4日ではとても目を通せないほど情報量が多く、「京」の経験、成果が、日本に確実に新しい科学の分野、「計算科学」を定着させたことを実感している。

第7章　生き物たちの宝物殿

●バイオの話題

２０１２年（平成24年）、京都大学のｉＰＳ細胞研究所所長、山中伸弥（やまなかしんや）さん（１９６２〜）がノーベル生理学・医学賞を受賞した。ヒトの皮膚細胞を材料に、からだのさまざまな組織や臓器を形作る万能細胞、ｉＰＳ細胞を作り出した功績による。

ヒトのからだは、最近の学説によれば37兆個の細胞からできている。眼は眼の細胞、肝臓は肝臓の細胞と、それぞれ役割、働きは異なるが、あらゆる細胞のおおもとは同じ「幹細胞」だ。それが組織や臓器の細胞に変身している（分化）。山中さんは、人の皮膚などの細胞に、ある因子を加え培養することで、多くの細胞に変身可能なおおもとの細胞を作り出すことに成功したのである（人工多能性幹細胞）。病気や老化で必要な細胞が働きを失った部分にｉＰＳ細胞を送り込むことで、もとと同じ細胞が定着、増殖して健康な状態に戻る。失ったものが「元に戻る＝再生する」ため、「再生医療」という新しい医学の扉のひとつが開かれたのである。

*

その３年後の２０１５年（平成27年）、北里大学特別栄誉教授の大村智（おおむらさとし）さん（１９３５〜）が、同じノーベル生理学・医学賞を受賞した。微生物（放線菌）が作り出す物質（天然有機化合物）を数多く見つけ、それを合成して感染症などの特効薬を作り続けてきた研究者だ。熱帯地方で多くの人々を失明させてきた風土病、ブユが媒介する寄生虫によるオンコセルカ症の治療薬、エバーメクチンの開発が評価されての受賞だった。ちなみに、ゴルフ好きの大村さんがエバーメクチンのもととなる放線菌を見つけたのは、静岡県伊東市川奈ホテルゴルフコースの土壌だが、ここは、往年の大女優、マリリン・モンローが新婚旅行で来日した１９５４年（昭和29年）、夫のプロ野球選手、ジョー・ディマジオと滞在したことでも知られる。

*

大村智さんに続き、その翌年、２０１６年（平成28年）、東京工業大学栄誉教授の大隅良典（おおすみよしのり）さん（１９４５〜）がノーベル生理学・医学賞を受賞した。大隅さんの功績は、細胞内での「オートファジー」のメカニズムの解明にある。オートファジーとは、細胞がもつリサイクル機能だ。１００分の１〜30分の１ミリメートルの細胞の中には、ミトコンドリア、小胞体、ゴルジ体などさまざまな部品があり、生命活動を支えている。からだを作る大事な物質、タンパク質も細胞で作られているが、そのタンパク質は、細胞内で不用になった細胞内器官を分解して作り出したアミノ酸を材料にしている。廃品から原料を得るリサイクルだ。大隅さんは、そのリサイクルの仕組みを遺伝子レベルまで含めて解明。がん細胞もこのリサイクル資源を使うため、その活動を止めるがん治療も可能になるのではと期待されている。

＊

山中さんの研究対象であるｉＰＳ細胞も、大隅さんのオートファジーが行われるのも、生物の基本単位である「細胞」だ。がんもその本体は細胞だが、さまざまな種類がある。ところで、歴史上とても有名ながん細胞がある。米国バージニア州の黒人女性、ヘンリエッタ・ラックスさん（１９２０〜１９５１）の命を奪った子宮頸がんのがん「細胞」だ。このがん細胞は、彼女の名前から２文字ずつ取ってヒーラ細胞（ＨｅＬａ細胞）と呼ばれ、世界中でがんの研究に使われてきた。

＊

これら「細胞」に対して、大村さんの放線菌はひとつの細胞で独立した生物となる「微」小の「生物」、微生物だ。酒も納豆もしょうゆもくさやの干物も、微生物を利用した食品だが、身近にはやっかいな微生物も多い。そのひとつがカビだ。

１９６２年（昭和37年）、奈良県明日香村の村人が、偶然、擬灰岩の四角い切石を見つけた。

調査の結果、7世紀末から8世紀初期にかけての藤原京時代の古墳とわかったが、1972年（昭和47年）、その内部に前例のない極彩色の壁画が発見され大ニュースとなった。高松塚古墳だ。しかしその後、壁画に大量のカビが発生していることがわかり、2006年（平成18年）から石室を解体し運び出し、約10年をかける修復作業が始まっている。

高松塚古墳に続き、1983年（昭和58年）、同じく奈良県明日香村の古墳石室内に彩色壁画が発見された。7世紀末から8世紀初の古墳と考えられているが、1998年（平成10年）の調査で青龍や白虎、天文図が、さらに朱雀や十二支像なども見つかり大きな話題となった。このキトラ古墳もカビの被害が大きくなったため、壁画をはぎとって保存することが決まり、その作業は2007年に完了した。

＊

微生物は細胞が集まって小さな生物となることもあるが、さらに大量の細胞が集まり作られているのが、動物であり植物ということになる。かつて体重40トンもの巨大恐竜がいたが、小さい動物といえばネズミだろう。『珍玩鼠育草』（定延子著、天明7年〈1787年〉刊）という本は、当時の日本人が変わり種のハツカネズミをペットとして楽しんでいたことを物語っている。ハツカネズミは農家の納屋などで多く見られるが、その野生のハツカネズミの系統を日本のみならず世界各地から集めたハツカネズミの遺伝子によって解き明かしてきた先達が、国立遺伝学研究所（静岡県三島市）の森脇和郎さん（1930〜2013）だった。森脇さんはデンマークで専門家から黒いマフラーを巻いたような珍種を提供されたが、それは『珍玩鼠育草』に掲載されている「豆ぶち」と似ていた。この系統は実験動物として広く使われるようになったが、後に遺伝子解析によって日本由来のハツカネズミ（JF1／Ms）とわかり、かつてヨーロッパ人が日本から持ち出したことが裏づけられた。

＊

動物とならび多くの細胞から作られている生物が植物だが、どこでもよく見る雑草に、白い小さな花をつけるシロイヌナズナがある。ぺんぺん草とも呼ばれるナズナと名は似ているが、同じアブラナ科の植物とはいえ、まったく違う植物だ。和名に「イヌ」が入っているのは、「イヌ」には「否（イナ）」の意味があり、ナズナとは似ているが異なる種としてこの和名がつけられたようだ。原産地はヨーロッパなので外来植物だが、小さくて成長が早いため研究に欠かせない植物であり、「植物科学に革命をもたらした雑草」と呼ばれている。

●パンツも脱いで

iPS細胞、エバーメクチンの放線菌、オートファジーの細胞、がんのヒーラ細胞、高松塚古墳とキトラ古墳のカビ、黒マフラー姿のようなハツカネズミ、そしてシロイヌナズナ。それぞれは何の関係もないように思えるが、これらが一堂に会している場所があるのだ。筑波研究学園都市のちょっとはずれ、茨城県つくば市高野台にある理研・筑波事業所のバイオリソースセンター（以下、ＢＲＣと略）だ。

「バイオリソース」は日本語では「生物遺伝資源」という。医学や生命現象の解明などの研究に欠かせない材料（資源）を指す。バイオリソースセンター長の小幡裕一さんに聞いた。

山根　バイオリソースの拠点がここに作られた経緯は？

小幡　理研も国も、生物資源の拠点施設が必要だとして、世界最高水準のセンターを作ろうと、２００１年（平成13年）に発足しました。播磨のスプリングエイトやＳＡＣＬＡ、スパコン「京」同様、ここはバイオに関する国際研究基盤です。初代のセンター長は２０１３年に他界された森脇和郎先生です。今も会議室の一隅を「森脇文庫」として、先生の資料などを保存してあります。山根さんはお会いになっていたそうで、嬉しいです。私たちは、森脇先生とどのようなバイオリソースセンターにすべきかを相談し、「信頼性」「継続性」「先導性」を３つの柱とし、その実現を目指して進んできたんです。

山根　森脇先生を三島に訪ねたのは40年近く前ですが、全国で捕獲してきた野生のハツカネズミを５００匹以上飼育されていました。金網をかけた90リットルの青い大きなポリバケツが30以上

fig 7.1　ポリバケツの飼育ケースを点検する国立遺伝学研究所時代の森脇和郎BRC初代センター長（写真・山根一眞著『生命宇宙への旅』（主婦の友社）より）

あって、それが飼育ケースでした。「朝、バケツの上にアオダイショウがとぐろを巻いていて、中のネズミ20匹が恐怖のストレスからか全部死んでしまい、大損失」とおっしゃっていました。

小幡　当時は、そんな施設しか作れなかったんですね。今は、まったく違います。ハツカネズミは生命科学の世界では「マウス」と呼びますが、研究に使われるマウスは遺伝的な特徴は多種多様です。ある病気にかかりやすいとか免疫機能を失っているとか、はっきりした特徴を持つマウスがあるからこそ、研究ができるんです。そのマウスが万一、細菌に感染しては生物材料としては失格ですから、動物室へ入る人はシャワーを浴び、パンツも脱ぎ、滅菌した服に着替えています。

山根　ポリバケツ時代とは雲泥の差、半導体工場に入るような感じですね。そういう「信頼性」のある施設作りが大きな目的？

小幡　それがひとつですが、このセンターができる前はさまざまな生物材料があちこちの大学に散在していたんです。そのため研究者が退職すると失われてしまったり、海外に流出したマウスもありました。

山根　流出した細胞もあった？

小幡　ありました。大腸菌の毒素（ベロ毒素）の研究やウイルス研究に欠かせない有名な「ベロ細胞」です。この細胞は世界で広く使われ、それによる医薬品も多く開発されていますが、これをアフリカミドリザルの腎細胞から作ったのは千葉大学の安村美博さんだったんです。マウスにしろ細胞にしろ、研究者がそれらを維持するのには限界があったわけです。

●科学の神髄は再現性

山根　それらを長期間育て維持しなければならない意味は？

小幡　科学の神髄は「再現性」です。実験によって大きな発見があったと発表したあと、第三者が同じ実験をして同じ結果が得られたと確認できて、初めて科学として成立します。同じ結果が出せなければSFにすぎません。その「再現性」のためには、同じ実験材料、生物資源を使わなくてはいけない。マウスや細胞は、同じものを保存、維持し、必要とする研究者に提供する必要があるわけです。バイオリソースセンターは、そういう役割をもつ施設なのです。

山根　かなりの数がここにある？

小幡　２０１６年3月末の集計ですが、実験動物、おもにマウスですが、７８１８系統。

山根　ネズミの飼育小屋が８０００近くもある⁉

小幡　いや92パーセントは、凍結した胚（受精した卵子が分裂を始めた初期の状態）や精子です。それがあれば、必要なときにマウスに再現できますから。

山根　でも、８パーセント、６００種以上は飼育している？

小幡　細心の注意を払いながら飼育、繁殖しています。

山根　細胞は？

小幡　１万８５５株。「株」というのは遺伝的な特性が均一な集団のことですが、１００パーセントが凍結保存です。実験植物は83万３２８５株、これは99パーセントが凍結、冷蔵。微生物材料は２万５１７６株、遺伝子材料となると３８０万８２６４株、いずれも１００パーセント凍結や冷蔵です。

山根　とてつもない量だわ。研究者が、たとえば「実験植物の12万５４７８番目がほしい」とリクエストすれば、すぐに提供してもらえるんですか？

小幡　もちろんです。あらゆるバイオリソースをデータベースで公開していますが、年間にして

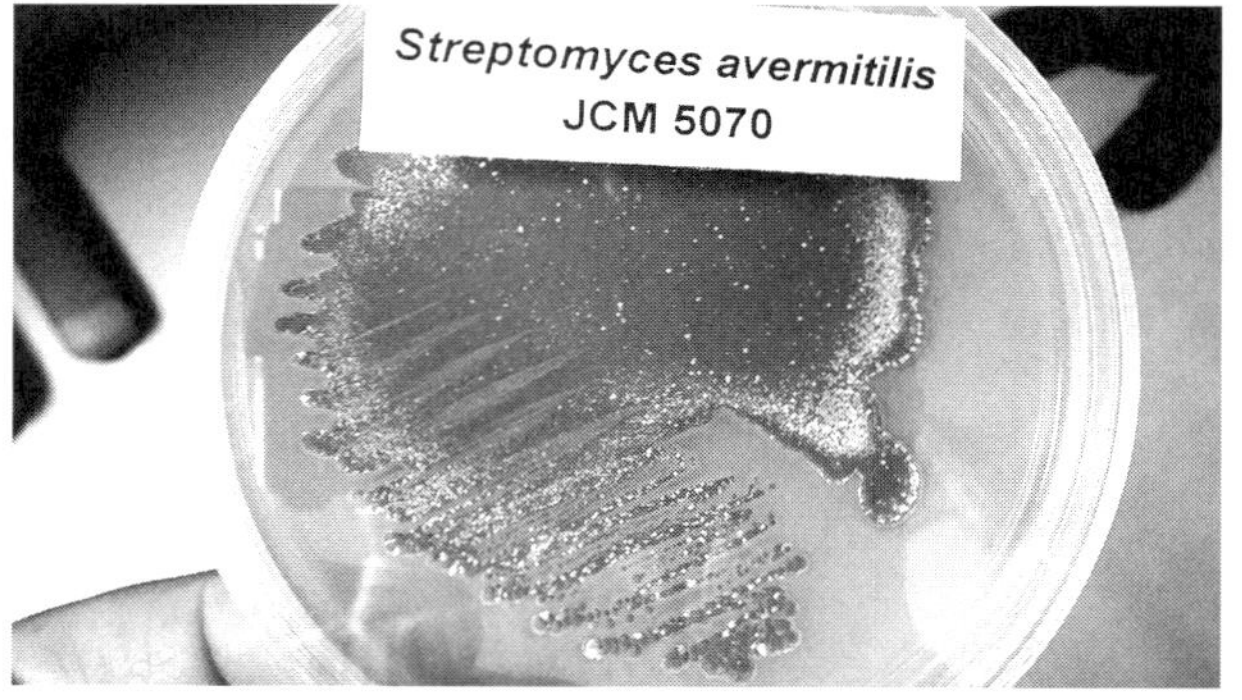

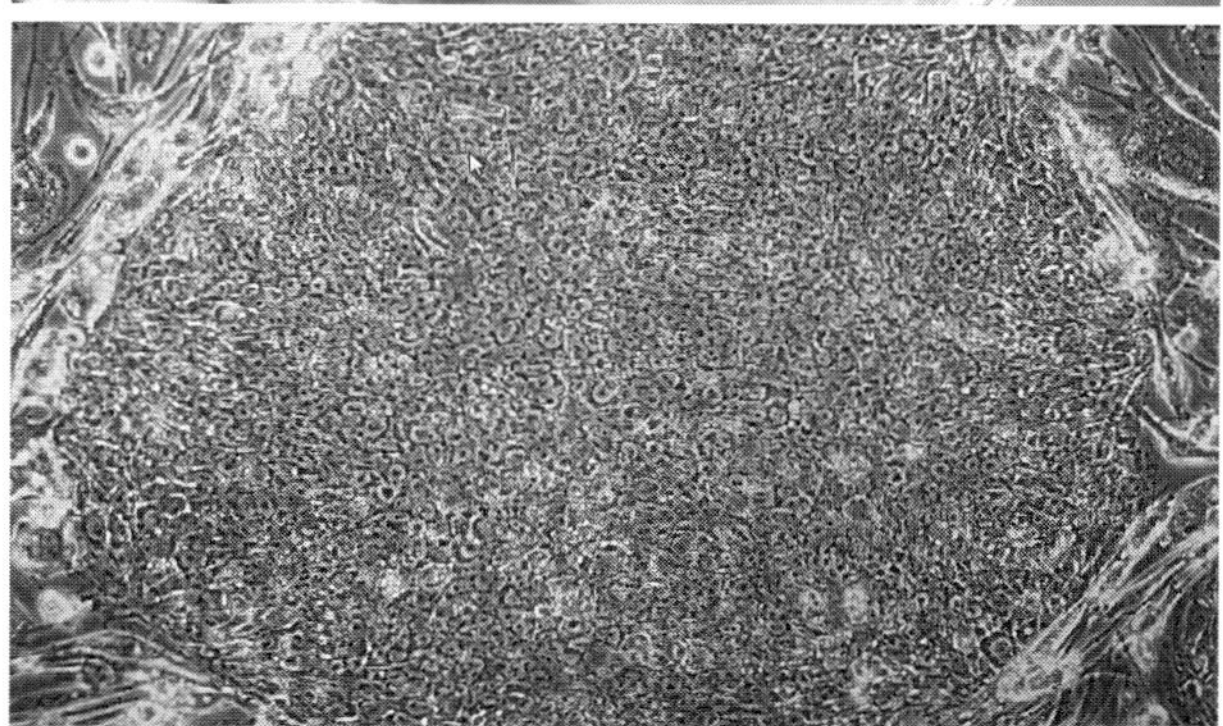

fig 7.2　上・細胞材料開発室長の中村幸夫さんと冷凍保存タンク　中・大村智さんから寄託された放線菌　下・山中伸弥さんから寄託のiPS細胞（写真・山根一眞）

約1万6000件、1日に50件近くの発送を、その仕事のプロフェッショナルがこなしていますよ。

山根　販売をしている？

小幡　提供手数料をいただいています。マウスは非営利機関は1匹1万2400円、営利機関は2万4800円。ヒトiPS細胞（HPS）は非営利機関は1本2万8800円ですが、営利機関は5万7600円です。大村先生の放線菌も大隅先生のオートファジーの細胞株も、がんのヒトラ細胞も、高松塚古墳とキトラ古墳のカビも、黒マフラー姿のハツカネズミも、そしてシロイヌナズナも、そういう手数料で発送しています。山中先生からバイオリソースセンターに寄託されたヒトiPS細胞やそのマウスを完璧に品質管理してきたからこそ、研究者に提供でき、再生医療の研究が進んでいるわけです。我々が発送したリソースをもとに、その約10パーセントが論文になっていることがそれを物語っています。

山根　世界にもこういうバイオリソースの施設はあるんでしょう？

小幡　ありますが、理研・BRCは細胞材料では世界最大、他の分野も世界の第2位以内に入っています。

●信頼性：リコール率０・０１パーセント

山根　どういうところからのリクエストが多い？

小幡　国内外の大学や研究機関が55パーセント、理研内部での利用が10パーセント前後、約15パーセントが国内の民間企業などですね。製薬会社が中心ですが、自動車メーカーも増えてきました。国内にかぎっていえば、理研・ＢＲＣは全国の６６００以上の研究機関のいわばハブになっているんです。残りの20パーセントは海外の大学と企業です。

山根　ＢＲＣなしにはバイオ研究は成り立たないんだ。マウスが感染しないようパンツまで脱がなくてはいけないそうですが、そういう信頼性はどこまで達成を？

小幡　科学の神髄は再現性ですから、汚染があれば重大問題です。寄託される材料には、異なった細胞が混じっていたり、違う系統のマウスだったりということがあります。マイコプラズマという細菌に感染した細胞も少なくない。大学からの寄託では約10パーセントに不具合がありますね。それらをチェックし排除するには大変な努力が必要ですが、２０１３年までは排除しきれないものを提供し受けたリコールが０・５２パーセントありました。そこで、品質検査の精度を上げなくてはいけないと目標を０・０１パーセントに設定し、遺伝子検査の徹底を進めた結果、２年間で目標を達成できました。大変な苦労をしましたが、米国癌学会（ＡＡＣＲ）などが刊行しているがん研究分野の８つの学術雑誌が、投稿規定の中で細胞材料など推薦リソース先として理研のBRCを明記してくれるまでになっています。今では、マウスにかぎっても、海外36ヵ国、684機関に提供しています。

山根　バイオリソースを維持していくには、温度管理なども大事でしょう？

小幡　苦労したのが東日本大震災です。ここは震度6で断水したんですよ。マウスに与える水が断たれたため、実験動物開発室の吉木淳室長が給水瓶を持って駆けずりまわり、筑波大学からやっと提供していただきました。電気のほうは幸いここは瞬停で済みましたが、バックアップ用発電機の燃料タンクが小さかったため、急遽、3週間はもつ大型のタンクを設置しました。材料の凍結に欠かせないのが液体窒素です。これは茨城県の鹿嶋市から運んでいたんですが、津波の被害でタンク車の輸送が断たれたので、液体窒素を自前で製造する設備を作りました。もうハラハラ、ドキドキでしたよ。

山根　世界最大級のバイオ資源を一気に失うところだったんだ。そういう非常時の備えは？

小幡　万一のために、2007年度（平成19年度）に、播磨のスプリングエイトの敷地の一角にある建物の一室を借り、11台の大型の液体窒素タンクを置かせてもらいました。凍結したバイオリソースの保存はしていたんです。東日本大震災以降、現在はすべての細胞やマウスの系統、微生物もバックアップ保存しています。

●人気トップのネズミ

理研・ＢＲＣのバイオ資源がどう活かされているかは、ＢＲＣ・実験動物開発室のウェブを見るとよくわかる。随時更新されている「よく使われるリソース」で、２０１７年2月末のトップは「ＲＢＲＣ０６３４４」。これは、理研・脳科学総合研究センターの齋藤貴志さんと西道隆臣さんが寄託した、アルツハイマー病の研究に欠かせないマウスだった。次世代スパコン、ポスト「京」の重点課題のひとつに「健康長寿」があったが、それは、単に長寿を目指すことではなく、病気にならず健康に長寿をまっとうする方法を見出すことを意味している。寝たきりや認知症での長寿では社会的負担が大きく、医療費も莫大なものになる。「ＲＢＲＣ０６３４４」は認知症のない長寿という期待を込めて、全国の研究機関に送り出されているのだ。

ＢＲＣの微生物材料開発室長、大熊盛也（おおくまもりや）さんには、ノーベル賞を得た大村智さんのエバーメクチンを産生する放線菌などを見せてもらったが、高松塚やキトラ古墳では文化庁の壁画劣化調査で得た微生物（カビ）が実に７３５株も保存されていた。

細胞材料開発室では、「ヒーラ細胞」も見ることができた。ヘンリエッタさんが亡くなって65年以上にもなるのに、この細胞が今も生き続けていることが不思議だった。山中伸弥さんのｉＰＳ細胞も見たが、細胞材料開発室長の中村幸夫さんによれば、ここに寄託を受けた「疾患特異的ｉＰＳ細胞」は疾患数で15万８４４６人の患者から得た１５６８株もが揃っていた。その数は、

よく使われるリソース

- C57BL/6-App<tm3(NL-G-F)Tcs>　RBRC06344
- B6.129S-Atg5<tm1Myok>
  RBRC02975
- GFP-LC3#53　RBRC00806
- Nrf2 knockout
  mouse/C57BL6J　RBRC01390
- B6.Cg-Tg(CAG-cre)CZ-MO2Osb
  RBRC01828

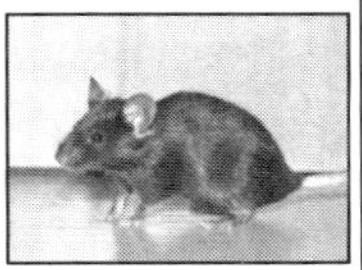

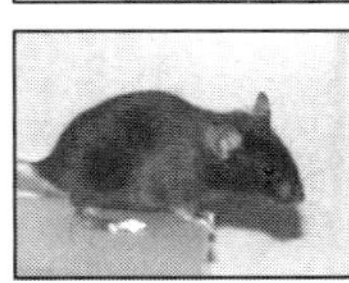

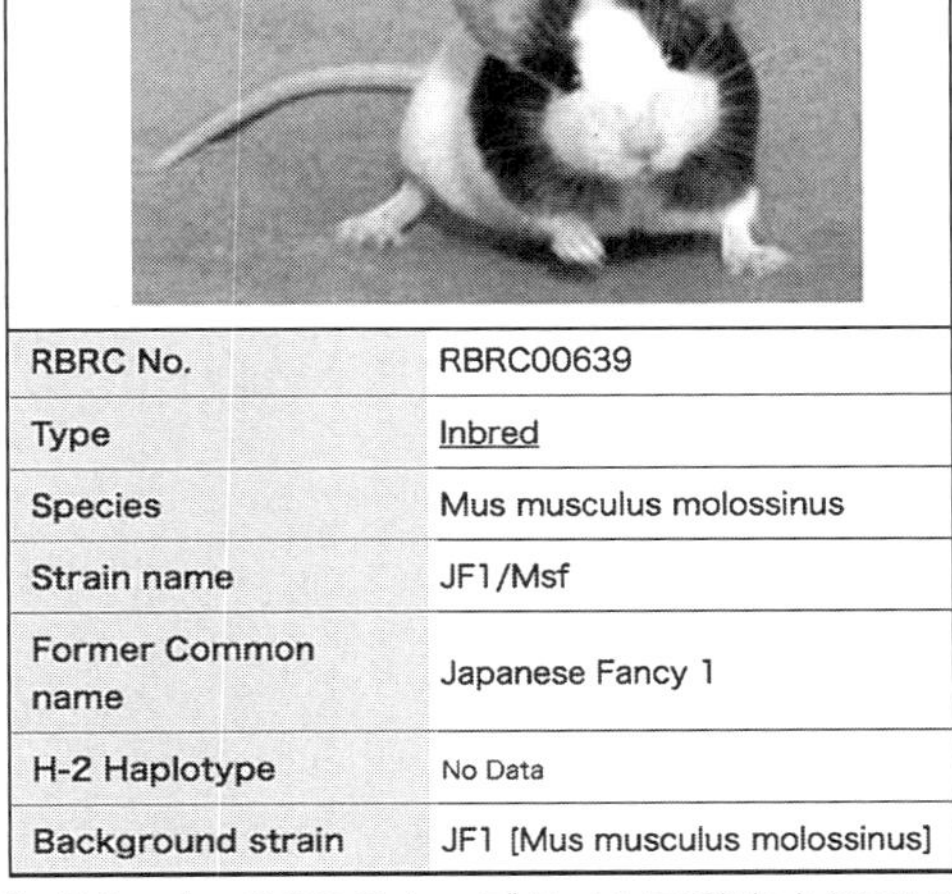

RBRC No.	RBRC00639
Type	Inbred
Species	Mus musculus molossinus
Strain name	JF1/Msf
Former Common name	Japanese Fancy 1
H-2 Haplotype	No Data
Background strain	JF1 [Mus musculus molossinus]

fig 7.3　上・BRCのウェブサイトで発表されているリクエストの多いマウス　下・マフラーを巻いたようなJF-1／MS（資料・理化学研究所）

fig 7.4　BRCで栽培・保存されているシロイヌナズナ（写真・山根一眞）

iPS細胞による再生医療への取り組みが幅広い病気を対象にしていることを実感させた。

80万件もの植物リソースを保有する実験植物開発室には、実験植物の代表であるシロイヌナズナが実験室内でずらりと育成されていた。室長の小林正智さんによれば、シロイヌナズナは1980年代後半から国際協力体制で遺伝子の解明が始まり、国際シロイヌナズナ研究推進委員会（MASC）のもとで全ゲノム配列の解読プロジェクトが立ち上がった。そして、2000年（平成12年）、解読を完了。これは、高等植物では初の快挙となったが、日本はその4分の1を解読する貢献をした。

シロイヌナズナが世界中で植物実験に使わ

れるようになったのは、全ゲノム解読などで培われた国際基盤が整ってきたからだ。これを使い、光合成の分子レベルでの解明や増産、成長制御の研究成果が多く出ている。植物の遺伝子は多くの植物と共通している部分が多いために、効率的な品種改良や収穫量の増大などにもつながることは間違いない。

今や世界のバイオリソースの中心となったＢＲＣだが、２００９年（平成21年）11月、設立以来、最大の危機にさらされた。ＢＲＣも、あの民主党による「事業仕分け」（行政刷新会議）でやり玉にあげられたのだ。「産業ニーズを意識しない基礎研究が行われている」として、民主党は3分の1の予算削減を下す。この決定に対してバイオ関連の学会などがいっせいに反対声明を出し予算は復活したが、その後、細胞と微生物の分野から３人もの日本人ノーベル賞受賞者が出たことは、ＢＲＣが日本の根幹を支える存在であることを、あらためて物語っている。

第8章　入れ歯とハゲのイノベーション

●医療センター駅

「歯には、乳歯と永久歯がありますよね。歯は胎児のときに種が2つできるんです。先に生えた乳歯が落ちたあと、2つ目の種、永久歯が大きくなります。しかし種は2つしかないため、2つを使ったらお終いです。永久歯を失ったら、入れ歯をするしかないが、僕らは歯を失った高齢者でも、歯が新たに生えてくる方法を手にしました。男性型の脱毛症も歯と同じで、失った髪の毛がかつてのように生えてくることはないが、それも可能になりました。毛髪再生治療は2020年の実用化を目指しています」

怪しい話だと思われかねないが、その話を聞いた場所は、神戸市中央区港島南町「医療センター駅」の前にある理研・多細胞システム形成研究センター（以下、CDBと略）だ。怪しい話どころではない、世界最先端の話なのである。

三宮駅からポートライナーで12分、「京コンピュータ前駅」のひとつ手前、「医療センター駅」周辺は、ポートアイランドのコアとして、神戸医療産業都市を形づくっている。１９９５年（平成7年）の阪神・淡路大震災の復興プロジェクトのひとつとして整備されてきた、日本最大のバイオタウンだ。理研もここに、生命システム研究センター（以下、ＱＢｉＣと略）、さらにライフサイエンス技術基盤研究センター、融合連携イノベーション推進棟を含めた４つの部門を擁している。ＣＤＢはそのひとつで、渡り廊下で隣接する神戸市立医療センター中央市民病院と結ばれている。

「２０００年の発足当時は、ポートアイランドの向かいにある神戸空港もスパコン『京』もまだなく、広々とした埋め立て地が広がっている感じでしたよ。しかし現在は、先端医療施設や研究所、医薬・バイオ関連企業・団体が３３４に増え、働く人が８０００人を超えました。朝のポートライナーはギュウギュウ詰めのラッシュ状態です」（ＣＤＢ推進室室長・温井勝敏さん）

ＣＤＢは、科学技術会議（後の総合科学技術会議）が「21世紀はライフサイエンスの世紀である」として、推進する分野に発生再生学をを掲げたことを受け、当時の小渕総理大臣が打ち出したミレニアム・プロジェクトのひとつとして予算がつき発足した。

fig 8.1　2010年当時の神戸医療産業都市。上・先に建設途上の「京」が奥に見える。下・手前から医療センター駅、神戸市民病院、CDB。（写真・山根一眞）

●動き出したｉＰＳ細胞

２０１７年に入り、このＣＤＢ発の再生医療のビッグニュースが続いている。２０１７年２月６日、理研は連携する機関とともにこう発表した。

神戸市立医療センター中央市民病院は、国立大学法人大阪大学大学院医学系研究科ならびに国立大学法人京都大学ｉＰＳ細胞研究所、国立研究開発法人理化学研究所と連携し、「滲出型加齢黄斑変性に対する他家ｉＰＳ細胞由来網膜色素上皮細胞懸濁液移植に関する臨床研究」を計画してきましたが、厚生労働省に申請を行った臨床研究計画が、平成29年（２０１７年）２月２日付で基準に適合していると認められたとの連絡を受け、この度、研究を開始する運びとなりました。

あらゆる臓器、器官の再生を可能にすると期待されてきたｉＰＳ細胞だが、その移植治療を初めて行ったのは、ここＣＤＢにある網膜再生医療研究開発プロジェクトだ。医師でもあるプロジェクトリーダーの高橋政代さん、同副リーダーの万代道子さん、同・杉田直さんらが、渡り廊下でつながっている神戸市立市民病院などとともに、その新しい医療の扉を開けているのだ。

治療対象は、滲出型加齢黄斑変性。難しい名の病気だが、簡単にいうとこうなる。

眼球の奥にはデジタルカメラの受光素子＝ＣＣＤに相当する網膜がある。その網膜中心部はち

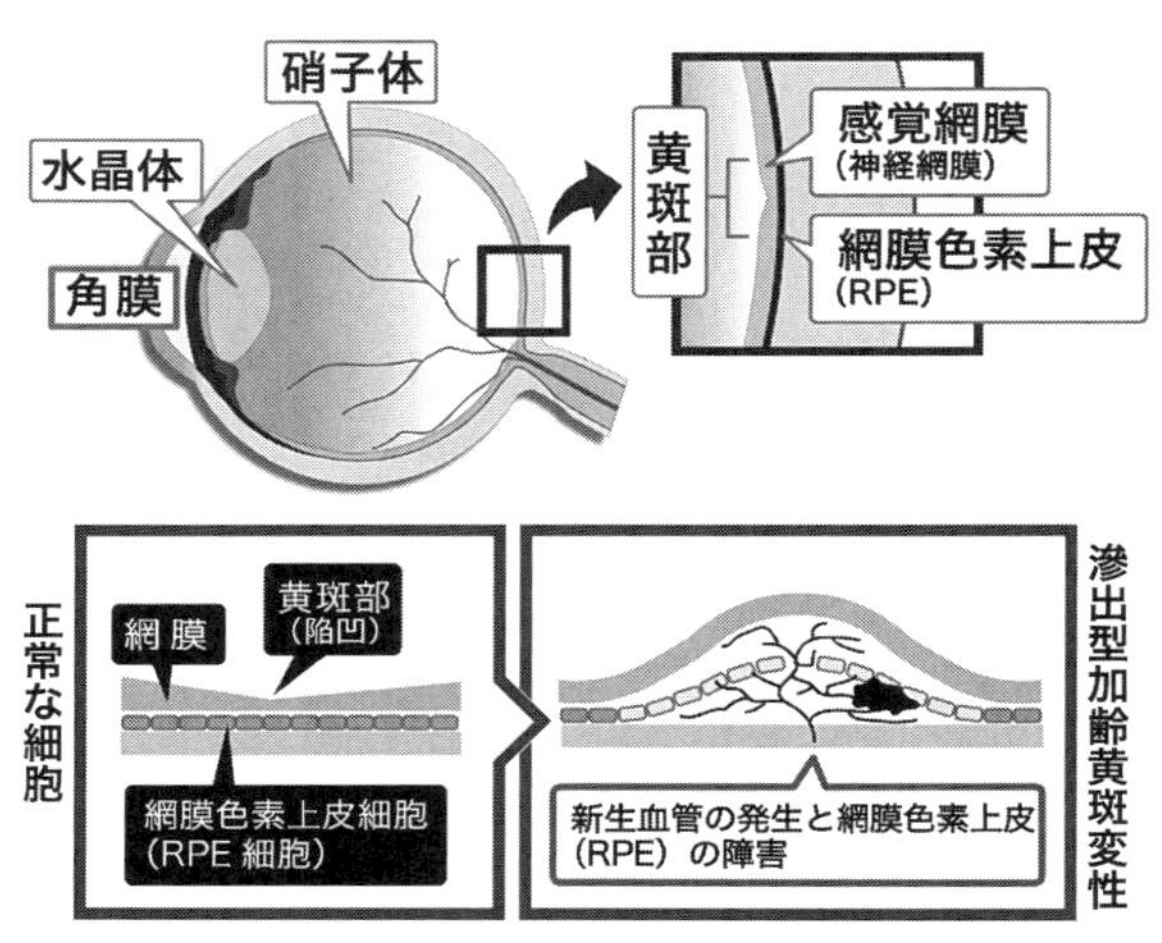

fig 8.2　網膜と滲出型加齢黄斑変性（資料・理化学研究所）

ょっと凹んでいて黄斑部と呼ぶ。この網膜の土台部分を作っているのが網膜色素上皮（RPE）細胞だ。網膜はRPE細胞にぴったりと乗っているのだが、RPE細胞にカビが増殖するような感じで細い血管（新生細胞）がのさばり始め、RPE細胞が壊れ、凹んでいた黄斑部が盛り上がる異常が起こると、視野の中心部が見えなくなり、やがては失明にいたることも多い。これまではその邪魔ものである新生細胞部分を物理的に除去するレーザー照射治療などが行われてきたが、それは悪い部分を削りとることなので十分な視野の回復は難しかった。もし、このRPE細胞で作る土台部分を新鮮な細胞からなる土台と置き換えることができれば……は夢物語だったが、それが可能になった。それが、どんな細胞にも変身可能なiPS細胞を使ったｉＰＳ細胞シートの移植なのだ。

このチームは２０１４年、患者さん本人の細胞から作ったｉＰＳ細胞のシートを移植する臨床研究を世界で初めて行った。ただし、この方法では移植まで11ヵ月も待たねばならず、コストも1億円にのぼるといわれる大きな課題があった。そこで、「作りおき」してある他人由来のｉＰＳ細胞を使う次の挑戦を決めたのだ。それであれば移植まで1ヵ月、費用も5分の1にできると言われている。もっとも、本来増殖し続ける能力を持つｉＰＳ細胞が移植後にがん細胞になるのではという意見があったのだが、専門部会が安全性を確認、臨床研究計画が了承されたのだ。

それを受けて、神戸市立市民病院は同日からホームページでこう呼びかけている。

被験者募集　ｉＰＳ細胞由来網膜色素上皮（ＲＰＥ）細胞懸濁液移植に関する臨床研究について関心をお持ちの患者さんへのお願い

これまでに「滲出型加齢黄斑変性」と診断され現在治療中の方で、この研究にご興味をお持ちの方は、主治医の先生に、私どもからのお願いの手紙（「診療情報提供依頼」）をお渡しいただいた上で紹介状をいただいてください。紹介状と検査データを一緒に、神戸市立医療センター中央市民病院眼科宛てに郵送していただければ、簡易判定を行い、臨床研究に参加できる可能性があるかどうかをお知らせします。

夢として語られてきたｉＰＳ細胞による「再生医療」が、いよいよ本番を迎えたのだ。

●伊万里の赤絵

このＣＤＢ発の「再生医療」時代の到来を報道各社は大きく取り上げ続けたが、同じＣＤＢで思いもよらない再生医療が着々と進んでいるのである。入れ歯に代わる歯や男性型脱毛症で失った髪の再生医療に取り組んでいるのは、ＣＤＢ・器官誘導研究チームを率いる辻孝さんだ。

辻さんの研究室を訪ねて、のけぞるほどびっくりした。辻さんのデスクまわりから実験装置が並ぶラボまで、まるで高級シティホテルのような内装なのだ。そのインテリアデザインにびっくりしただけではない、出していただいたコーヒーのカップは伊万里の赤絵。裏には「Occupied Japan」と記されていることから、１９４７〜１９５２年の占領下の日本で作られ、海外に流出した名陶だとわかった。隅から隅まで辻流美意識に包まれた不思議な医療研究ラボなのだ。こんなラボは見たことがない。

山根　驚くばかりですが……。

辻　伊万里は大好きなので、このカップを手に入れるのには苦労しましたよ。

山根　この、信じがたいインテリアは？

辻　僕は２００１年（平成13年）から東京理科大学の基礎工学部生物工学科で研究をしていたんですが、野田キャンパス（千葉県野田市山崎）に、京都のある有名な建物を移設してこういう研究室を作ったんです（アルバムを開く）。実験室は吹き抜け構造で実験室もウッドデザインを基調にして。２０１４年（平成26年）に理研・ＣＤＢに移りましたが、東京理科大の了解のもとで木のデザインを凝らした実験台などもこちらに持ってきたんです。

辻さんは新潟大学大学院を卒業後、山之内製薬（現・アステラス製薬）の中央研究所の研究員となり、九州大学大学院で博士号を取得後、ＪＴ（日本たばこ産業）の生命科学研究所で主任研究員を務めた経歴をもつ。その後、企業ではなく研究を突き詰めたいと東京理科大学に研究室を持ったのだ。大学では独立自己採算なら何でも好きなことができるため、ラボで創ったシーズをもとにベンチャー企業を作り、社会に還元してきたのだという。東京理科大学でのデザインを究めた施設は、意気に感じてくれた、辻さんの言葉によれば「パトロン企業」の支援で実現したのだとわかった。その辻ワールドを、この神戸のＣＤＢ内で再構築したのだが、それが可能なところも理研の懐の深さだろう。気をとりなおして本題に戻る。

fig 8.3　融合連携イノベーション推進棟（資料・理化学研究所）

●メンテナンスフリーの人体

山根　理研・CDBに来てからの目標も社会還元？

辻　そうです。徹底した基礎研究をし、その成果をどんどん企業に渡していく。企業と連携していく研究スタイルがこの研究センターの特徴です。ポートライナーの「医療センター駅」の反対側に、理研初の「融合連携イノベーション推進棟」というのがあります。

山根　細胞が固まってピカピカ反射しているような奇抜な外装の建物ですね。

辻　あれは、CDB竹市研究室の竹市雅俊さんが発見した細胞間接着分子「カドヘリン」をもとに、細胞を模したデザインだと聞いていますす。うちのラボは、そのイノベーション推進棟の企業12社と共同研究していて、こちらには企業から派遣されている研究員がいますし、あちらにもラボがあるんです。

山根　そして、歯や毛髪の再生医療に取り組んでいる？

辻　そうです。私たちの体は37兆個の細胞でできていますが、70年、80年、メンテナンスフリーで生きているわけじゃないですか。しかし、高齢時代を元気に過ごすため、からだのメンテナンスが強く求められる時代を迎えているわけです。

山根　メンテナンスはいろいろと取り組まれてきましたけど？

辻　からだをもとの状態に戻す再生医療の先鞭は骨髄移植です。再生医療は、放射線被害を受け血液が作れなくなった方たちの治療法として始まりました。どういう方法かといえば、骨の中にある「骨髄幹細胞」の利用です。人のからだは約２００の種類の異なる細胞でできているんですが、その２００種類の細胞のもとは何かという問いが解かれた結果、さまざまな体性幹細胞に由来することがわかったんです。70年以上もメンテナンスフリーで生きていられるのは、使い古して廃棄され続けている細胞が、適材適所で補充再生されているからです。それは、幹細胞のおかげです。

山根　福島第一原発の事故発生直後、作業に当たる方たちは、あらかじめ自分の骨髄幹細胞を採取、冷凍保存しておくべきだという訴えがありました。

辻　放射線に被曝すると血液細胞が失われますから。そこで、血液細胞を作ってくれる骨髄幹細胞を移植する治療が行われるわけです。免疫の拒絶反応があるため、患者さんの移植タイプと一致する骨髄提供者を探すことになりますが、本人の骨髄幹細胞を使えばそもそも免疫反応が起こりません。被爆する可能性が高い作業をする方たちは、事前に自分の骨髄を保存しておけば、万が一問題があったときに治療が容易になります。1970年代以降、こうして再生医療の道を拓いたのは放射線生物学の分野なんですよ。

私が白血病になると、放射線を多量に照射してがん化した血液細胞を殺す。そして、提供していただいた骨髄の液を移植して健康な血液に入れ替える。再生医療はこうして行われてきた経緯があります。

山根　幹細胞は骨以外には?

辻　肝臓を作る幹細胞は肝臓に、脳にも幹細胞はあります。出産のときに胎盤が廃棄されているんですが、その数は年間100万個といわれています。胎盤には造血幹細胞が含まれているので、JTの研究所にいた時代に、それをもとに造血幹細胞を増やす仕組みを作り医薬品にしようとしたんですが、民間企業なので倫理問題などからビジネスモデルにはできなかったんです。このように、幹細胞を採取して、そのまま悪いところへ移植する医療が第1世代の再生医療です。

●三次元の臓器

山根　第２世代は？

辻　１９７０年代半ば、アメリカのハワード・グリーンがヒトの皮膚細胞の培養に成功、作製した皮膚シートを重度の火傷の患者さんに移植したのが始まりです。これは組織再生と呼ばれて世界中に研究が広がりました。これが第２世代の再生医療です。一方、私たちは、臓器を丸ごと１個作れないかと研究を始めたんです、ゼロベースから。臓器というのは細胞による三次元の塊ですから、肝臓であれば、肝臓の機能を持った細胞をビルを組み立てるように立体に組み立てたいと。細胞をひとつの部屋だとするならば、我々の臓器は10万階建て、いや１００万階建てのマンションのようなものです。

山根　大胆ですね。

辻　ヒトのからだで三次元の臓器がどう作られているかといえば、胎児の初期の段階で作られる、胚の内部の細胞の塊がおおもとです。これを培養したものがＥＳ細胞です。肝臓の建設予定地では、胚の内部の細胞によって作られた上皮細胞と間葉細胞という臓器の種が、ここに肝臓を作れというボディプランの信号を受けて増殖し、肝臓を建造するわけです。この建設作業が胎児期に1回だけ行われるんです。

山根　ということは、肝臓の上皮細胞と間葉細胞をかき集めれば肝臓が作れる？

辻　と、考えた研究者がいて、世界中が取り組んだが30年過ぎても成功しなかったんです。10万

fig 8.4　理研一ダンディな辻孝さんとラボ。その再生治療は世界の多くの科学誌も取り上げげた。京セラメディカルなどと実用化を目指しているが、現在の自己毛包移植市場は世界で推定1兆円。再生医療として有望な市場がすでにある（写真・山根一眞）

個くらいの上皮細胞と間葉細胞を集めても、それを反応させる方法がわからなかったからです。バラバラのままで、積み重ねてもガラガラと崩れてしまうんです。

山根　接着剤が何かがわからない？

辻　その通り。そのひとつが、「カドヘリン」で、竹市先生はさまざまな物質がどう細胞を自己組織化するかを研究されてきたんです。

山根　あの奇妙なビルの外装は、まさに再生医療の象徴だったのかぁ。それで接着する方法は見つかった？

辻　バラバラの細胞をねばねばしたコラーゲンの液体の中に打ち込み、身動きできないようにして自己組織化させればいいとわかったんです。そこで、まず上皮細胞を入れ、動かないのを確かめたうえで間葉細胞を加え層構造に配置し、1～2日置いておくと自分で接着剤を出し組織になっていくんです。

山根　それが可能なら、望む臓器が作れる？

辻　その仕組みを使い、私たちが臓器再生のモデルにしたのが、歯なんですよ。歯も臓器と同じように作られていますが複雑です。なぜ歯を選んだかといえば、大きな臓器では種が大きくなるのに時間がかかること、そして肝臓のような臓器だと、動物実験でも取り出せば死んでしまいます。歯であれば、失っても死なせないですみます。

山根　うちで飼っていた齧歯類のプレーリードッグはケージでひっかけて歯を失ったんですが、軟らかい餌で長生きしました。

辻　私は生き死にに関係する臓器再生をしたかったが、あえて生き死にに関係ないものを研究することで原理原則を知ることにしたんです。

●スマホ並みの再生医療

辻さんは、同じ理由から、唾液腺や涙腺、毛髪の再生医療に絞り込んだ。これらを対象としたのは、辻さんならではの社会的な理由も大きかった。肝臓の再生医療を必要とする患者さんとくらべると、歯の再生や毛髪の復活を望んでいる人のほうが圧倒的に多いからだ。また、歯のインプラント治療では、自由診療で1本で約30万円、複数であれば100万円以上も支出している人がきわめて多いため、ある程度の高額医療であっても成り立つ。男性型脱毛症では1000万円もの出費を続けている人がいるのが「カツラ」の世界だという。つまり、国民健康保険が破綻をきたさない分野から始めようと、これらの再生医療に取り組むことにしたのだ。

辻　携帯電話も登場初期は弁当箱以上の大きさで、限られた人しか使えず、きわめて高価だったでしょう。それが今、小学生でも持っています。それと同じことが再生医療でも起こる。そこで、高い治療費を払っていただける方に、歯や男性型脱毛症の再生医療を利用していただくことでこの技術を担う企業が力をつけ、スマホのように裾野を広げていくことを目指しているわけです。

山根　歯を失った人でも再生医療で子供のように歯が生えてくる、頭のてっぺんが淋しくなったお父さんも青年のようにふさふさになるとは驚きです。

辻　お年寄りは、唾液腺が機能を失って口の中に唾液が出なくなるケースが多いんです。そのため、食べものが飲み込めず、また喉に詰まらせる危険が大きい。しかし唾液腺も再生できるので、老人介護での大きな問題が解決できます。ひどいドライアイでは点眼薬を使い続けねばならないですが、涙腺も再生できます。こういう、世界の多くの人たちが待っている再生医療を日本発のイノベーションで大きく産業化したいというのが私たちの夢なんです。

辻さんは、理研の中興の祖である大河内正敏を目指してきた。高校時代に理研の歴史を読み、大河内正敏が理研コンツェルンを立ち上げた歴史を知り、理研に憧れていたのだ。その辻さんの目標は「産業界の役に立ち、研究資金を稼ぎ、それによって自分たちが考える好きな研究を好きなだけやれる研究者の楽園としての理研」だ。

滲出型加齢黄斑変性のｉＰＳ治療は失明の危機に瀕している患者さんにとって切実に待っていた再生医療だが、それと並行して私でもすぐに受けたい再生医療の実現が近いと知り、ちょっとわくわくした。理研は、日本発の新しい医療、再生医療時代を、国民医療費の負担増にならず普及させていく舵取りという課題もクリアしてほしいと思う。

第9章 遺伝子バトルの戦士

●マグネット団地

東京の羽田空港（東京国際空港）から横浜市の中心にいたるおよそ17キロメートルの東京湾岸を地図で見ると、沖合に向かって幅1キロメートルほどの埋め立て地が突き出るようにえんえんと続き、石油コンビナートや製鉄所などの巨大工業施設が軒を連ねている。京浜工業地帯だ。

その埋め立て地のひとつ、横浜市鶴見区末広町にもＪＦＥスチール東日本製鉄所鶴見川工場などの工場が立地しているが、４割ほどは横浜市の水や廃棄物処理などインフラ施設が占め、通勤時間以外は人が道を歩く姿をほとんど見ない。この殺風景な埋め立て地に、大きな六角錐を押しつぶしたような窓のない不思議な建造物がいくつもかたまっている場所がある。遊牧民の「パオ」のような5つの建造物が星形に配置された棟が2組、さらに2棟のパオと大きなドーナツ状の建物もある。空から見ると遊園地のようだが、ここは隣接する横浜市立大学大学院と横浜市産学共同研究センターも合わせて約7万平方メートル（約2万2０００坪）の知の拠点なのである。日本を代表するバイオサイエンス（生命科学）の拠点、理研・横浜キャンパスだ。

あのパオのような建物とドーナツ状の建物は、いずれもＮＭＲ棟だった。ＮＭＲとは核磁気共鳴（Nuclear Magnetic Resonance）のことで、現在、病院では「ＭＲＩ」（磁気共鳴画像）検査が普及しているが、「ＮＭＲ棟」はその病院の検査室と同じ原理による装置の設置場所なのである。もっともここにあるＮＭＲ装置は病院にあるＭＲＩとは段違いに強い磁場を持つ。

１９８０年代初頭、脳研究の最前線を訪ねてアメリカ横断取材をした際、初めてＭＲＩを見た。研究者が握ったスパナを近づけて離すと宙を勢いよく飛び、そのマシンにバチンと吸いつけられた。「まずい！　腕時計をしたままだった！」と彼が口にしたように、時計を狂わせてしまうほどのきわめて強い磁場を持つ装置にびっくりしたが、これを使い人の脳の機能を調べる研究が始まっていたのだ。

ＮＭＲは物質にどんな原子があるのかを知る有力な手段だ。原子は強い磁場のもとで電磁波を吸収、放出する。その放出した電磁波のわずかな曲がり方を調べれば、原子の存在だけでなく原子どうしの結びつき（官能基）もわかる。そのため、タンパク質の構造などを知るには欠かせない道具なのだ。その「曲がり方」とは、長岡半太郎が妻に贈ったルビーの指輪を放射線で調べた際に用い、またスプリングエイトやＳＡＣＬＡにも共通する「回折」の原理だ。１００年を経た

fig 9.1　上・「パオ」」のようなNMR棟（Google Earth）　下・世界最高性能のNMR開発を続ける固体NMR技術開発ユニットリーダーの西山裕介さん（左）と超高磁場NMR実用化ユニットリーダーの柳澤吉紀さん（右）（写真・山根一眞）

今も、理研の研究の基本には、「モノをよく見る」技術を手にすることで成果を上げるという潮流が変わらずあるのだ。

ＮＭＲでは、磁場は強ければ強いほど物質の構造が詳しくわかる。そのため電磁石は、液体ヘリウム（マイナス２６９℃）で冷やした超伝導コイルによって強力磁場を作っている。その超パワーアップには材料面などで超えられない壁がいくつもあった。だが、オールジャパンのチームは、２０１５年（平成27年）、世界最高高温超伝導による超高磁場ＮＭＲの開発に成功している。

パオのような不思議な建物がいずれも木造なのは、コンクリートの鉄筋が磁場に影響することを避けるためだった。理研・横浜が、こういうＮＭＲを擁するのは、世界が熱い競争を続けているバイオサイエンス分野で世界トップの成果を手にし続けるためなのである。「よりよく見える」手段あってこそ、新しい科学の発見が可能になる。

●ＤＮＡはカネ産み証券か

あらゆる生物は生命の設計図、ＤＮＡによって成り立っている。ヒトであれば、37兆個という細胞ひとつひとつの中にある、梅干しの種に相当する細胞核の中にその設計図がある。ＤＮＡの本体が、たった4種類の分子がさまざまに連なった二重らせん構造をもっていること（塩基配列）が発見され（これも「回折」で得た）、発見者のジェームズ・ワトソン（１９２８〜）とフランシス・クリック（1916～2004）は1962年（昭和37年）にノーベル生理学・医学賞を受賞した。

そのワトソンらが1988年（昭和63年）、「ヒトの遺伝情報＝DNAの全解読をしよう！」というとてつもない計画を提唱。国際プロジェクトが発足し、予定より2年早い2003年（平成15年）に解読を完了した。DNAには役割が異なる遺伝情報が約2万あることがわかったが、それは単にどんな文字が並んでいるかがわかっただけで、2万ページの1枚ずつがどういう意味を持ち、どういう役割を担っているのかがわかったわけではなかった。バイオサイエンスは、この2万ページの1ページずつの意味を解く新しい競争時代に入る。

ヒトの遺伝情報全解読という壮大な、人類史に残るプロジェクトには日本も参加し、一定の貢献を果たした。当時、遺伝情報がすべてわかればあらゆる病気の原因が見出せ、創薬による莫大な利益を産み出すと言われていただけに、DNAの「解読力」をすでに手にしていた日本がそのプロジェクトでイニシアチブをとれなかったことは無念だった。また、ゲノムサイエンス（遺伝子情報科学）の今後の方向性をめぐっても意見が多々あり、大きな混乱も経験している。そこで、日本のゲノムサイエンス研究を集約し、世界と競争できる拠点を作ろうと2000年に発足したのが、ここ、理研・横浜キャンパスなのである。

その今を、ライフサイエンス技術基盤研究センター、グループディレクターの鈴木治和さんに聞いた。

鈴木　最初のヒトの全ゲノム解読は世界各国が共同しても完了までに5年かかりましたが、先ほど見ていただいた分析器ならたったの１日で終わりますよ。

山根　かつては1年かかっていた計算がスパコン「京」なら1秒で終わるのと同じですね。

鈴木　ああいう設備は非常に重要ですが、それだけではダメです。新しい技術を開発していかないといけないが、我々は２００６年（平成18年）頃に「ＣＡＧＥ（ケイジ）」（Cap Analysis of Gene Expression）というユニークな技術を開発しました。理研オリジナルです。この方法を使うと、ゲノム上での「ＲＮＡの発現を制御する領域」の解析ができるんです。

ＤＮＡは工場長の部屋に大事に置いてある「製品作りの設計図」。それをもとに「工場」でものつくりをするには、「製造課長」が全設計図から「必要な部分をコピー」して製造現場に持っていく必要がある。その「コピー設計図」がＲＮＡだ。「ＲＮＡの発現を制御する領域」は、「製造課長」を指す。

●やり手の製造課長

鈴木　芸能界にもプロモーションという言葉がありますが、DNAの世界も同じで、RNAの発現制御にはプロモーションに対応するプロモーターという部分と、プロモーターを活性化させるエンハンサーという部分があります。そして、エンハンサーとプロモーターが共同して、RNAの発現を調整していることがわかってきました。

いやはやバイオの世界は何ともややこしい。

強引に「翻訳」すれば、「プロモーション」は「製品の製造」、「プロモーター」はやり手の「製造課長」、「エンハンサー」は「製造現場も製造課長も元気づける部長」ということか。

鈴木　このエンハンサーの解析がCAGEで可能になったため、ゲノム上でのRNAの発現制御の仕組みを解明する研究が非常に進みました。病気や薬の作用では、RNAの発現が大きな影響を受けていることがわかっているので、その解明はとても重要な意味があるんです。

山根　それによって何を目指している?

鈴木　大きな目標のひとつは再生医療です。再生医療では目的となる細胞を作らなくてはいけないので、その細胞を作るいい方法を開発したいと、一生懸命やっているわけです。人間は、脳の

fig 9.2　上・鈴木治和さん　中・理研・横浜は遺伝子データベースの世界的拠点のひとつでもある（上と中、写真・山根一眞　下、資料・理化学研究所）

神経細胞や心臓の細胞、肝臓の細胞など約２００種類の細胞で作られていますよね。しかし心臓の細胞が必要になっても、簡単には手に入らないでしょう。生きた人の心臓の一部を取ってこなくてはいけないわけですから。そこで、患者さんなどから命に別状がないわずかな皮膚細胞を寄付していただき、それをあらゆる細胞のもとになる幹細胞に先祖返りさせたうえで、心臓の細胞を作る。これがｉＰＳ細胞です。

しかしｉＰＳ細胞では、それから心臓の細胞を作る手間が必要です。時間とコストがかかるのはそのためです。そこで、ｉＰＳ細胞を経由しないで、たとえば皮膚の細胞からいきなり心臓の細胞を作れないか、そのためにはどうしたらいいかを研究しているんです。

山根　今日のランチはカレーだが、ちちんぷいぷいで中華丼にしちゃいたい、と？

鈴木　２０１０年頃から始めたプロジェクトですが、まだまだ基礎の段階から出られなくて。

●人工知能に期待

山根　ｉＰＳ細胞が不用になる？

鈴木　いや、ｉＰＳ細胞にはｉＰＳ細胞ならではのいいところがありますから。

山根　そういう再生医療に使える技術を見つける努力を続けていると、思いがけないことも続々とわかってくるでしょ？

鈴木　僕たちが取り組んでいるのは「ゲノム科学」という分野です。かつての遺伝子科学では、ひとつの分子、ひとつのタンパク質、ひとつのＲＮＡなどの機能や性質を解き明かすことに集中してきましたが、ゲノム科学はＤＮＡやＲＮＡの全体を知ることなんです。その全体を知ることで、ＤＮＡやＲＮＡがどう調和しているか、どんな役割を果たしているかを理解しようと。これは学問のパラダイムシフト（既存の概念が覆される契機）ですよ。

山根　地球温暖化による農業の縮小、希少野生動物の保護、危機に瀕しているサンゴ礁の回復、食用魚類の効率的な増殖、そして少子高齢化。生命に関しては課題は山積みだけに……。

鈴木　そうです。あらゆる病気についても、ゲノム科学が入り込めない分野はないと思います。そのためにも、ゲノムのすべてがわかるということが大事です。「すべて」というのは、どの部分がどう機能しているかを知ることです。それがわかれば、実験をしなくてもスーパーコンピュータによるシミュレーションで、たとえばこんな刺激を与えるとこんな結果になる、こんな病気で細胞はこう振る舞う、ということもわかり、治療法も見出せる。それは次の段階ですが。

山根　次世代のポスト「京」が待たれているゆえんですね。

鈴木　今、学問の境界がなくなったので、面白い展開が続くはずです。理研は人工知能（ＡＩ）の部門を立ち上げましたが、ＡＩとゲノム科学は非常に相性がいいという印象ですし。

●オーダーメード医療

理研のバイオ部門は横浜のみならず和光や神戸、大阪にもあり、それらの拠点を駆け足で回り、各研究室のドアを叩いて、それぞれの「今」を見せてもらったが、それは理研という有機体が古い時代の殻を破り、新しい時代に向かってグニュグニュと動き続けているように思えた。

理研・横浜の統合生命医科学研究センター、副センター長の古関明彦さん（免疫器官形成研究グループディレクター）は、こう語っていた。

「世界の数千人が何年もかけて、数千億円を投じて解読した全ゲノム解読が、今では20万円ほどで一晩もあれば解読できてしまいます。すさまじいイノベーションによって遺伝情報の爆発がもたらされました。その情報爆発をいかに押さえ込み、意味のあるものにできるかという点が、つねに僕らの問題意識の中核にあります。生命現象は複雑なネットワークで成り立っていますが、人間で大事なのは、その生命情報ネットワークが時系列でどうなっていくか、という点です。老化しかり、がんしかりです。ＤＮＡやＲＮＡの姿は三次元でとらえることができるようになったが、その動きを時間軸で追っていかなくてはいけないんです。人の一生という時間軸の中で、健康や病気をとらえなくてはいけない。センター名の『統合生命医科学』はそういう思いが込められているんです」

このセンターの各研究室をめぐり、たとえば、人の遺伝子情報を解きながら腸内細菌と食物アレルギー、関節リウマチ、糖尿病、虚血性心疾患などとの相互関係を解く研究を、統計の手法まで使いながら進めていることがわかった。ヒトの造血幹細胞の挙動やウイルス感染など、人間ではできない実験が可能なヒトの免疫系をもったマウスの開発も行っていた。古関さんは、目指している大きな柱が「個人の遺伝情報に応じたオーダーメード医療」だという。糖尿病になっても、他の糖尿病の患者さんとは異なる、私だけの糖尿病の薬が処方される時代を作る、と。そういう時代が到来すれば、お年寄りに多種多量の薬が処方されている莫大なムダが解消し、国の医療保険予算も削減できるだろう。

●血液一滴の時計

生命現象の時間的な変化は、細胞が持っている時計にしたがっている。

大阪府吹田市にある理研・生命システム研究センターは、大阪大学の医学部や生命科学研究の拠点である大阪大学吹田キャンパスに近く、両者はモザイク状に交流しながら研究を続けていた。その大阪で会った合成生物学研究グループ上級研究員の鵜飼英樹さんはその時計を探っていた。

「サーカディアンリズム（概日時計、いわゆる体内時計）と『睡眠と覚醒』を、分子レベルから、そして神経のネットワークから調べています。時計にかかわる遺伝子は20種類ほどわかっていますが、たとえば山根さんから採血した血液から『山根体内時計が何時か』わかるというような論文も出ています。遺伝子には活性化する時間と低調な時間があるので、Aという遺伝子とBという遺伝子では活動のタイミングが異なります。となると、AとBの遺伝子から作られるタンパク質は、時間によって異なるので、採血してそのタンパク質を調べることで、体内時計の時間がわかる仕組みです」

それが法医学に応用されれば、殺人事件の被害者の生活パターンが血液からわかるようになるかもしれない。朝起きられず不登校になる子供は、親からだらしない、サボっていると怒られるが、血液を調べると遺伝子の「時計」がおかしくなっていることがわかるケースもあるという。その遺伝子の時計をコントロールする薬が開発できれば、不登校は薬によって治療できるようになるかもしれない。こういう薬は早く見つけてほしい。

時間はもともとは物理学の対象だが、生命現象を「物理学と生命科学」の両面からアプローチする研究も広がっている。理研（和光）の佐甲細胞情報研究室主任研究員の佐甲靖志さんは、「生物物理学」専門だ。

「生物物理とはひとつには、物理学の原理を使って生物を研究することで、もうひとつはツールとして物理の方法を使い生物を研究することです。生命活動を分子からなる遺伝子から見ていこうという分子生物学は、もともとは物理学者が始めたんですよ。タンパク質の結晶構造解明をX線の回折像で見始めたのも物理学者でした。僕がやっているのは、細胞の中の情報伝達、応答ネットワークの研究です。細胞は自らが分泌する小さな小さなタンパク質で情報伝達をしています。他の細胞から分泌されて出てくるタンパク質を細胞が受け取って応答する部品は小さな受容体ですが、同じ受容体でも何が来たかによって応答が変わるという例もだんだんわかってきました。しかし、非常に複雑でね。ヒーラ細胞など培養細胞を使っての実験が中心ですが、線虫などモデル生物も使います。こういう情報処理の研究が生物学の分野でも盛んに行われるようになっていますが、ここで生まれた細胞内の分子ひとつひとつをとらえることができる『一分子イメージング』の手法は強力なツールで、自動化計測の方法も開発しています」

●「京」は使えないが

細胞どうしの複雑な情報ネットワークが解きほぐせれば、アレルギーのような免疫反応やがん細胞の増殖の鍵、皮膚細胞を心臓の細胞に作り替える情報を送る物質も見つかるかもしれない。

この分野ではＮＭＲのような、これまで見ることができなかった細胞をつきつめて見る、時間をおいて動きを知る「道具」や「手法」がますます重要になっている。

その生命システムを「見る」「動きを知る」ためのコンピュータ科学に取り組んでいるのが、理研（大阪）の生命システム研究センター計算分子設計研究グループだ。最初に案内された窓のない小さなビル内に入り、のけぞった。ドアを開けたとたん、凄まじい轟音にさらされたからだ。轟音はコンピュータを冷やすためのファンの音だった。これは、世界最高速クラスの「分子動力学専用計算機（ＭＤＧＲＡＰＥ‐４）」だ。このセンターでは、物質の動きを見ることができるシャッター速度世界一の超解像蛍光顕微鏡も開発している。

生命システム研究センターの副センター長、泰地真弘人（まこと）さんに会った。

「ライフサイエンスで計算機を使うときには、課題を計算の上に載せるモデルを作らなくてはいけないんですが、生物系はそれが充実していないんです。そのモデルを作るためには、生命システムをこれまで不可能だったレベルで精密に測ることから始めなくてはいけない。そういう結論から誕生したのが、この生命システム研究センターなんです。新しい分野なので何と呼べばいいか難しいんですが、生命システム研究センターの英語名『Quantitative Biology Center』を直訳すると、定量生物学研究センターということになります。あらゆる生命現象の『量』を見極めて

fig 9.3　上・分子動力学専用のスーパーコンピュータと泰地真弘人さん　下・大阪大学の建物にある理研・大阪のもうひとつの拠点。若い研究者が描く楽しい絵が（写真・山根一眞）

いこうというわけです」

その「量」がわかれば、スーパーコンピュータでシミュレーションが可能となるが、それには膨大な計算が必要になる。理研にはスパコン「京」があるが、「京」を独占利用することはできないし、仮にできたとしてもタンパク質のシミュレーションには「京」でも長時間の計算が必要となる。そこで泰地さんのグループは、「京」を超える速度で計算が可能な世界最高速の分子動力学専用計算機を作ったのだ。

人の生命現象は、単なる細胞の塊ではない。体内では多種多様な細胞が、あたかもそれぞれがひとつずつの生物であるかのようにふるまい、コミュニケーションを交わしながらDNAという大設計図のもとで生命の時間を作り出している。それが、私たちの人生なのだ。鈴木治和さんは、遺伝子情報の科学とはDNAやRNAの全体を知ることであり、その全体を知ることでDNAやRNAがどう調和しているかを知ることだと話していた。その調和を知ることは、生命というものの驚くべきありようを知ることにつながるが、その調和を破る部分を見出すことでがんも克服できる。調和と調和を破るものを追い詰めていく理研のバイオチームも、その目的達成のために、横浜、和光、大阪、神戸がさらなる「調和」を目指してこの課題に取り組んでほしいと思う、その道を細胞に教えてもらいながら。

第10章　透明マントの作り方

●いかがわしい脳の話題

１９８１年（昭和56年）のノーベル生理学・医学賞は、３人の脳研究者に与えられた。その一人、アメリカのロジャー・スペリー（１９１３〜１９９４）による「左右脳」の研究は大きな反響を呼んだ。

脳の大半を占める大脳は、成人男性では約１・４キログラムあるが、ひとつの臓器ではなく、２つ割りにしたグレープフルーツが向き合ったかたちをしている。右と左の脳は脳梁（交連線維と呼ぶ数億本の情報交信ケーブル〈神経線維束〉）でつながっているが、てんかんの発作を軽減する目的でこの脳梁を切断する手術が行われていた。スペリーは、この手術によって分離脳となった患者さんを調べ、左脳と右脳の比較研究を行ったのである。

人は複雑なものごとについては、対比する２つに分けて理解してきた。「二元論」だ。白と黒、右翼と左翼、農耕と狩猟、天才と凡人。そこに、私たちのあらゆる行動の原点である脳の「二元論」、左右研究が登場したため、「右脳は芸術脳で直感に優れ、左脳は計算や理屈を担う理論脳」とか「君は左脳タイプなので総務課へ」など根拠に乏しい解釈が拡大、血液型による性格診断と似たようなことになっている。だが、脳を作る神経細胞は千数百億個におよび、それぞれが相互に情報ケーブル（軸索と樹状突起）で結ばれ、とんでもない毛糸玉のようなネットワーク（神経回路）を形作っている。

　脳は、左右の二元論だけで理解できるような単純なものではないはずだ。そこで私はアメリカ各地に脳研究者を訪ねる取材の途上、スペリーにもインタビューを試みたが、「パーキンソン病のため会えない」と断られた。脳への関心を大きくすることに貢献した本人が脳の病であるとはなんたることだと思ったものだった（真偽は不明、そういう口実で断れたのかもしれないが）。日本では小脳の研究を続けていた東京大学の伊藤正男さん（１９２８〜）や大阪大学の塚原仲晃さん（１９３３〜１９８５、日本航空１２３便墜落事故で逝去）、東京大学工学部で脳型コンピュータの研究をしていた甘利俊一さん（１９３６〜）などの研究室も訪ねていたが、取材を続けても脳とは何かは断片的にしかつかめなかった。当時の脳研究は「神経生理学」と呼ばれており、「脳科学」という言葉はいささかいかがわしい響きでしかなく、実験動物の脳に極細のガラス電極を刺して脳機能を探っている神経生理学者にはスペリーの左右脳の話題は出しにくかった。

●脳科学の誕生

理研が脳科学総合研究センターを設立したのは1997年（平成9年）のことで、2004年（平成16年）には450名のメンバーを擁する世界最大級の脳科学の拠点となった。

現・副センター長、加藤忠史さんは、「脳とこころの世紀」（「こころの科学」増刊『ここまでわかった！　脳とこころ』収載、2016年、日本評論社）でこう述べている。

脳科学という言葉を知らない人はいないであろう。だが、この言葉がわずか二五年前には存在しなかったと言われると、びっくりする方も多いのではないか。この言葉は、一九九〇年代の脳科学運動によって作られた言葉なのである。（略）一九九七年より、さまざまな形で脳科学の推進が始まり、脳科学研究の中枢として、理化学研究所に脳科学総合研究センターが作られた。すなわち、二〇一六年は、日本で脳科学が推進されてから、ちょうど二〇年目にあたるのである。

「脳科学」という分野、言葉が成立したのは、脳研究が脳にガラス電極を刺して脳の部分部分の機能を調べる時代から、「心」も含めた人間そのものを脳から理解しようというきわめて広い学問、研究の時代に入ったことを意味していた。その研究には、数学や生物、社会科学、情報科学などの専門家を結集し、きわめて大規模な研究体制を作る必要があった。それは大学のような縦割りの場では不可能であるため、異分野の研究者が横断的に交流できる理研がそのセンター機能を担うことになったのである。加藤さんは、理研で始まった脳科学は、「こころと社会」を物理・化学の手法を使って解明しようとするものだと定義したうえで、こう書いている。

科学には、自然科学、人文・社会科学、そして脳科学という三つの大きな領域があると言うこともできるであろう。そして、自然科学の手法を用いて解明を目指す二つのフロンティアが、「宇宙」と「脳」ということになる。「脳を知る」は、まさに人類のフロンティアを探求する科学といえる。

かなり過激な言葉で、フロンティアに「深海」への言及がないのは残念だが、この意気込みが理研の脳科学総合研究センターの活動の原点なのだ。ちなみに、１９９７年発足時のセンター長は伊藤正男さんで、２００３年に甘利俊一さんに引き継がれ、２００９年からはノーベル生理学・医学賞を１９８７年（昭和62年）に受賞した利根川進さん（１９３９〜）がヘッドだ。研究員約４００名のうち約２割が外国籍で、会議や公的文書は英語。世界最大級にふさわしい国際脳センターをかたちづくっている。

●子供を虐待する脳

では、「こころと社会」の解明のため、物理・化学の手法を使い取り組んでいるテーマには、どんなものがあるのだろうか。

加藤さんは、代表的な研究課題として、記憶と価値判断、蛍光タンパク、親近感、シナプス強度調整、神経軸索再生、経験と回路、神経新生と記憶、神経可塑性、手綱核、恐怖記憶、本能と情動、子育て、知覚認知、先読み、触覚、読心、認知症モデル、自閉症モデル、プリオン病などを次々にあげた。これだけ聞いても、専門の壁を取り払った学際的な場だなと実感した。

山根　非常に多岐にわたっていて驚きます。

加藤　子育てをする脳の回路はどうなっているのかを見ている研究もあります。野生動物ではしばしば観察されていることなんですが、オスがメスとともにいる子と出会ったときに、その子を「攻撃する」か「育てる」かという究極の判断をするんです。その判断がどういう神経回路のバランスによって選択されているかを探る研究です。

山根　子連れの女性といっしょになった男が、その子を虐待する事件が報道されていますね。

加藤　ええ、将来は虐待を起こしている脳内メカニズムの解明につながる可能性がありますよ。

山根　ブラジルのアマゾンで、マックンバという秘儀に使う道具の専門店を訪ねたら、「誹謗、中傷、妬み、誹りに効く薬」を売っていて笑っちゃったんですが、脳の機能が解明されれば、あり得る話だわ。病院で虐待回避薬を処方してくれる時代がくるかもしれない。

研究成果にはこんなものもある。

・鹿おどしの原理で神経細胞が入力信号を高速演算
・君は君、我は我なり、他人の価値観を学ぶ脳機能の解明
・記憶や学習の能力にグリア細胞が直接関与
・抱っこして歩くと赤ちゃんがリラックスする仕組みの一端を解明

そして、あのスペリーで話題になった左右脳についても、２０１２年（平成24年）に、「左右の脳が抑制し合う神経回路メカニズムを解明し、最新の研究手法で半世紀の謎がついに明らかになった」という発表もあった（行動神経生理学研究チームリーダー、村山正宜さんによる）。脳科学総合研究センターの研究成果は、同センターがまとめた『つながる脳科学　「心のしくみ」

に迫る脳研究の最前線』（ブルーバックス、２０１６年刊）が出版されたばかりで、理研の脳研究の多様性が実感できる。

●人工知能時代

その脳の機能の一部を人工的に再現し社会に応用しようという人工知能（ＡＩ＝artificial intelligence）の時代が到来している。自動運転の試みはそのひとつだが、若年労働者が減少傾向にあるため、製造業もＡＩへの期待を大きくしている。人工知能学会は、ＡＩには２つの立場があると説明している。

（１）人間の知能そのものを持つ機械を作ろうとする立場
（２）人間が知能を使い行っている行動を機械にさせようとする立場

ＡＩ機能を持つマシンのひとつがロボットだが、かたちを持たない人工知能も幅広い進化を続けている。スパコンの中に設定した群衆を、混乱なく誘導する方法を見出す際に使うＡＩはその一例だ。

ＡＩ時代に必須の技術、ＩＣＴ（Information and Communication Technology＝情報通信技術）は、アメリカのシリコンバレー（サンフランシスコ湾の南を取り囲むエリア）に集積している新興企業が世界を席巻してきた。１９９０年代の末、誰もが知っているあるＩＣＴ企業の富豪

ＣＥＯに会い、「１兆円、２兆円というカネがじゃかすかポケットに入ってくるのはどんな感じですか」と尋ねたところ、「バスケットボールでまた点が入ったなというくらいの感じだな」と答えた。そういう経営者が隣のビルにも向かいのビルにもいた。そういう彼らが今、莫大な資金力と人材で次のビジネスとして猛然と進めているのがＡＩなのである。

ＡＩはＩＣＴ技術がベースなので、当然、今のＩＣＴ企業が有利だ。一方、ＩＣＴで日本は完敗状態にある、国民の大半がシリコンバレー発のスマホが手放せなくなっているように。そういう危機感から、遅れているＡＩ分野を強化、大きな産業基盤とすることを目指し、２０１６年に、理研・革新知能統合研究センターが発足した。そのオフィスが東京・日本橋に設けられたのは、国内外の研究者・企業との円滑で密接な交流をはかるためだという。

副センター長の上田修功さんは、ＮＴＴコミュニケーション科学基礎研究所の機械学習・データ科学センター代表でもある（上田特別研究室長・ＮＴＴフェロー）。ビッグデータの解析など、この分野の先鋭だ。理研の「センター」が企業人に舵取りのひとつを託したのは、（国の）危機感が大きいことを物語っている。

センター長に就任した東京大学大学院教授の杉山将さんは、国際的な機械学習会議「ＮＩＰＳ２０１５」に参加したあと、「体感的には、ＮＩＰＳでの日本人の存在感は皆無。韓国は日本よりやや存在感があり、中国はかなり溶け込んでいる」と報告している。日本の存在感が「皆無」

なのは、欧米では巨大民間企業が数百億～数兆円規模の莫大な予算を投じて研究開発を開始しているのに対して、日本は政府が中心になって数十億～数百億円規模の予算を幅広い分野に配分している点にあると指摘している。だが杉山さんは、「現在まで日本の情報科学の幅広い分野での研究の蓄積、研究者の質の高さを鑑みれば、今後飛躍するチャンスは大いにある！」と、革新知能統合研究センターの抱負を述べている（会議資料『理化学研究所における人工知能研究開発の取組』２０１６年5月）。個々の研究者、企業は力を持っているのに十分に発揮されていない。脳科学総合研究センターが大きな成果を上げてきたように、人と知を結集することでＡＩを育てていこうということなのだ。

本格的な活動はこれからなので具体的な成果はまだ出ていないが、今後の展開から目が離せない。

●数理生物学者って？

この革新知能統合研究センターと並び、新たな「知の創造」の場が理研・和光で活動を始めている。数理創造プログラム（ｉＴＨＥＭＳ）だ。「数理創造」とはずいぶんと難解そうだなと不安を覚えながら、東京大学教授でもあるプログラムディレクターの初田哲男さんを訪ねたところ、案内された部屋に入って瞳孔が全開してしまった。小学校の教室の４分の1ほどの広さの部屋に、ミーティングテーブルと椅子があるのだが、小学校の教室のように正面に黒板があり、その黒板が床から天井まで届く巨大なもので壁をほぼ占めていて、白墨による手書きの方程式で埋め尽くされていたからだ。どこかで見たことのある20世紀初頭の欧米物理学者や数学者の研究室の写真のイメージと重なった。

山根　楽しそうな部屋ですね。

初田　ｉＴＨＥＭＳは２０１６年11月に立ち上がったばかりです。私は２０１２年に着任して２０１３年からここで「理論科学連携研究推進グループ」というのを立ち上げ、学際融合的な研究活動を続けていますが、面白い研究成果がたくさん出始めて、さらに拡大したこの組織を立ち上げたんです。もともとは京都大学で素粒子や原子核の理論物理学をやっていたので、湯川秀樹さんの孫弟子になりますね。その後、東大に移りましたが。

山根　理研に来てどう感じました？

初田　大学では物理学と化学は隣同士のビルですが、交流はほとんどないんです、たまに人事の話をするくらいでサイエンスの話をする機会は皆無。ところが理研はバリアーなく話せる。これは面白いなと思ってね。理研には理論化学者や理論生物学者もいますし。

山根　理論生物学って、面白そう。

$$H=\sum_i\left(\hbar\omega_A+V_A\Phi_i\right)a_i^\dagger a_i+\sum_j\left(\hbar\omega_B+V_B\Phi_j\right)b_j^\dagger b_j$$
$$+V\sum_{<i,j>}\cos(\Omega t+\phi_{ij})\left(a_i^\dagger b_j+b_j^\dagger a_i\right)$$

fig 10.1　上・iTHEMSの初田哲男さん（写真・山根一眞）　下・透明マントを実現する（らしい）方程式（資料・理化学研究所）

初田　非常に重要だと言われている分野ですよ。生物を対象にした実験ではデータがたくさん出てくるが、その解釈には理論家が違う目で見ないといけないからです。数理生物学という分野も認知され始めています。たとえば酵素は複雑なネットワークを作っているでしょう。

山根　大腸菌の酵素ネットワーク図って、部屋ひとつ分くらいの、まるで巨大な東京全住宅地図のようなマップですよね、あれ、とっても好きです。

初田　大好きですか（笑）。あれのどこが本質的なものかということを、理論的に抽出する研究を行っているメンバーもいますよ。あのマップでも骨格を数学的に抜き出せるんです。

山根　そ、そんなことが可能な学問が生まれていたのかぁ。

初田　２年前までアインシュタインの重力理論の方程式を一生懸命解いていた人が、数理生物学者の仕事を見て、「そんな面白いことがあるのね」と数理生物学の研究を始めました。つまり、科学の世界で数学は共通基盤ですから、異なる専門家がともに集まって議論を重ねながら新しい分野を拓いていこうと考えて、ｉＴＨＥＭＳを立ち上げたんです。それぞれ、ユニークな面白い課題を持ち寄っているんですが、その一例が透明マントです。

山根　透明人間になれるマント？

初田　そうです。

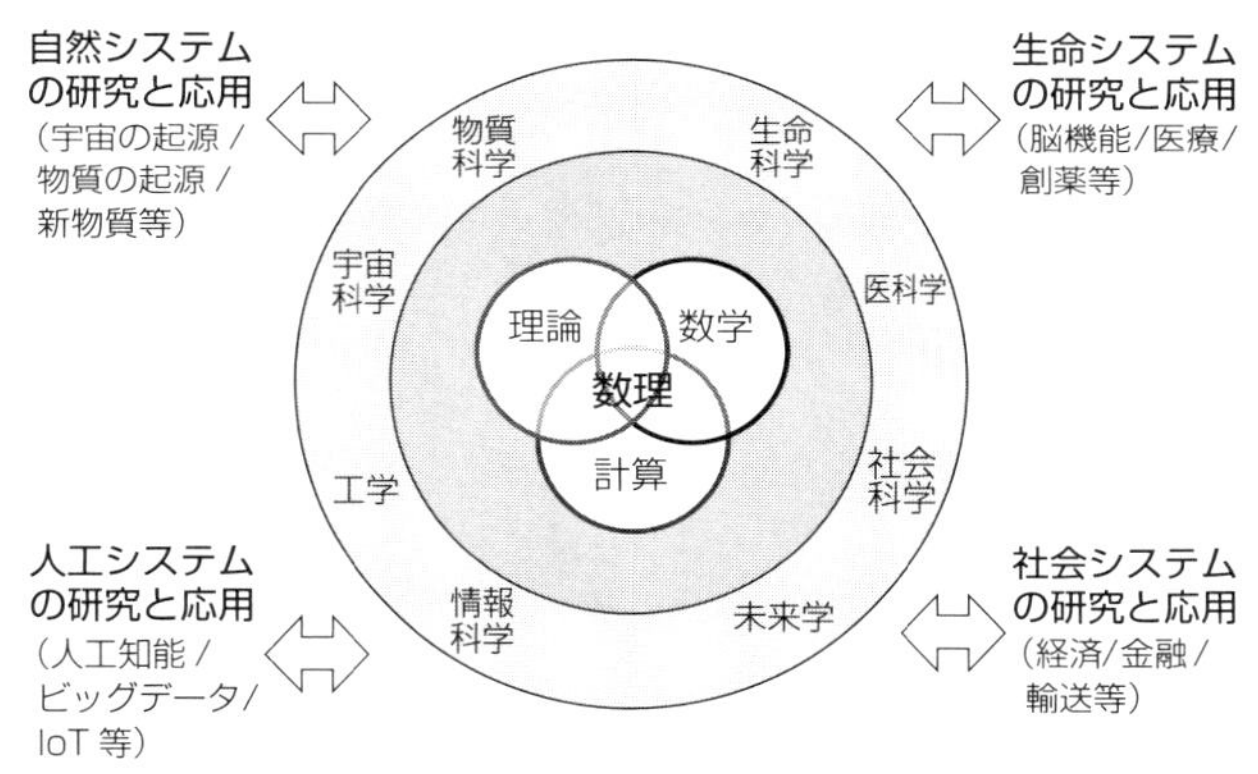

fig 10.2　iTHEMSの研究システム（資料・理化学研究所）

まるでドラえもんの世界に踏み込んだような話になったが、「透明マント」は、「光学迷彩を設計する理論」として、２０１５年（平成27年）、理論科学連携研究推進グループ階層縦断型基礎物理学研究チームの瀧雅人さん、東京工業大学量子ナノエレクトロニクス研究センター助教の雨宮智宏さん、同教授の荒井滋久さんらが共同研究で「構築」に成功していた。この「発明」は、アメリカの科学雑誌（『IEEE Journal of Quantum Electronics』）の２０１５年3月／4月号の表紙も飾っている。

初田　光の経路を曲げる「透明マント」の理論は結構あるんですが、従来の理論では相手から見えないだけでなく、マントを着ている側も向こうが見えないので意味がなかったんです。しかし、瀧さんたちの理論は、その問題を解決したわけです。

山根　その理論による透明遊園地ができたら、「ホーンテッドマンション」はホントの廃墟になるわ。

初田　参加している研究者に、どんな研究をしているのか、方程式をひとつだけ添えて提出してもらったことがあるんですが、地球マントルの構造、時間と空間の創出、宇宙のガンマ線爆発、結び目の数理、人類史上最高精度の素粒子計算機、深海魚の謎などなど、とても興味深いです。

山根　異分野の人たちが、数学という基本的なコアで結びついて議論を重ねる場を、研究所が一組織として持つって、他に例がないのでは？

初田　ないでしょうね。そのため「研究成果」ではなく、ｉＴＨＥＭＳという私たちの「研究組織」のことが２０１５年に科学雑誌『Nature』で紹介されたんですよ。

ｉＴＨＥＭＳの数学議論から、既存の自動車では考えられない、超安全でときどき透明にもなる高速走行無人自動車が生まれるかもしれない。脳科学総合研究センター、革新知能統合研究センター、そして、もちろん次世代「京」とともにシリコンバレーを打ち砕く革新的な「知」を期待したい。

それにしても議論を大きな「黒板」で行っているとは古い。黒板は19世紀の初頭、フランスの「数学者」たちが口頭では伝えられない幾何学を論じるために発明されたものだ。それから２０

0年経ち、初田さんはその同じ数学環境にいるのだから、ぜひ、200年後の数学者も利用する空中に自由に描ける黒板の理論を出してください。

第11章　空想を超える「物」

●魔法の水

「面白いものを見せてあげましょう」

と、差し出されたのは、ちくわほどの大きさの半透明のぶにゅぶにゅとした不思議な棒だった。

訪ねたのは理研（和光）の創発物性科学研究センター（以下CEMSと略）、その棒を差し出したのはセンター長の十倉好紀（とくらよしのり）さん（1954〜）だ。

「これは、98パーセント以上が水なんです。作り方次第で色もつけられます。食べてもだいじょうぶだと思いますが、食べた人はいません」

わけがわからない。水は、大気圧（1気圧）のもとでは、0℃までは固体（結晶）で、それを超えると液体に、100℃以上では気体になる（相転移）。固体の水は冷たい氷のはずだが、十倉さんが手にしているのは、常温で固体の水だというのだ。

「これは水にごくわずかな物質を加えるだけで簡単に作れるんです。固体なので投げて火災現場に放り込めば、高熱で水が蒸発するので消火作用がある。これを見た消防関係者にぜひ使いたいと言われましたが、価格を知ってあきらめたようです。最近は、非常に安く作れるようになりましたが」

このぷにゅぷにゅ感は、日本海沿岸で見た巨大エチゼンクラゲのからだにそっくりだ。クラゲもからだの95パーセントが水だというが、これは放置しても「干しクラゲ」にはならない。

「『アクアプラスチック』と呼んでいます。広く普及しているプラスチックは石油が原料なので、いずれは資源が枯渇します。燃やせば温室効果ガスであるCO_2を出す問題も大きい。しかし、水で作ったプラスチックなら原料はいくらでもあり、将来は今のプラスチックに代わる素材になる可能性があるんです」

●粘菌の挙動

十倉さんが率いる創発物性科学研究センターの名称にある「創発物性」は、まだ大きな国語辞典にも載っていない馴染みのない言葉だが、その定義は？

十倉　「創発性」（emergence）とは、多数の要素が集まったときに、個々の要素からは予測できなかった性質が現れることを意味しています。イワシはバラバラに泳いでいれば捕食動物であるサメに食べられてしまいますが、サメが来れば身を守るために何十万匹もが集まってあたかも巨大な魚のようにふるまいますよね。

山根　ベイトボールですね。なぜあんな息のあったふるまいをするのかが不思議です。

十倉　イワシと同じように、電子の動きであるスピン、分子など物質の中のさまざまな構成要素も、組み合わせることによって各要素がバラバラのときには思いもよらなかった、予測不可能な、驚くべき物性や機能を見せることがわかったんです。それが「創発性」です。「創発物性科学」は、そういう驚くべき物性や機能の原理を明らかにして、新しい物性や機能を創造しようとする新しい学問領域なんです。

山根　イワシの群れのみならず、生物は「創発的」な姿を見せていますよね。

十倉　そうなんです。物質の内部では電子がぐるぐると回りながら一方向を向いていて縞模様を作っているんですが、外部から磁場をかけると、何かがいきなり小さな玉のようにごろごろと動き始める。その粒子は、小さな磁石が集まったもので、それがひとつの巨大な渦磁石を作っていく。コンピュータによるシミュレーションの成果ですが、この動きは、粘菌と似ているんです。

山根　粘菌！　博物学者の南方熊楠が研究していたと知り、飼育観察したことがあります。顕微鏡で見ると不思議なネットワークを作っていて、枝状の中を何かの物質が流れているんですが、見ていると急にそれが止まり、突然、逆方向に流れ始めたのにはびっくり。どういうメカニズムによるのだろうと不思議でした。

十倉　粘菌は小さな単細胞生物の集合体ですが、集合したことで個々の細胞では考えられない動きを見せているわけです。「創発性」という言葉は、もともとは粘菌の研究で使われていた用語なんですよ。生物のことは詳しくないんですが、個々の現象が集まると、全体としてもう一段高いヒエラルキーの現象が成立するということです。そういう原理が明らかになったため、まったく新しい電子デバイスを開発する道が拓けました。「アクアプラスチック」も、水の分子をこれまでは考えられなかった「集団」に構築して誕生させたものなんです。

●革命児

それを開発したのは、高分子化学の革命児、相田卓三さんだ（副センター長で超分子機能化学部門の部門長）。論文の被引用回数（自身の論文が引用された回数）は2万4000回にのぼる。相田さんは、ごくわずかな「粉」と「水」があれば5秒で作れる「アクアプラスチック＝アクアマテリアル」について、『理化学研究所環境報告書2011』でこう語っている。

私たちのアクアマテリアルは、水含量が著しく高いのですがそのような機械的強度を備えた、世界初の材料なのです。一般的なハイドロゲル（筆者註・水をたっぷりと含んだゲル状物質）は、水以外に30％程度の有機化合物を含んでいます。有機化合物は、燃やせばCO_2を発生するため、含有量は可能な限り少ない方が環境にやさしい。私たちが開発したアクアマテリアルに含まれる有機化合物はわずか0・2～0・4パーセントにすぎません。

98パーセントが水なのに「機械的強度を備えた」とは空想すらも超える。

ある種の粘土とそれにくっつく分子を使い、コンニャクのような人工的な網目構造を作ることができるのではと考え、水をたっぷりと含みながらも高い機械的な強度を発現する物質ができればと考えました。粘土にくっつく分子は、分子鎖の一方にのみ接着する構造を持っていたので、その構造を分子鎖の反対側にもつけました。分子鎖の両端にたくさんの吸盤が付いているイメージです（両末端デンドロン化高分子）。この特殊な構造の分子を合成することができたため、今までにない特性を持つアクアマテリアルが完成できました。

「アクアプラスチック」は理研と日産化学工業の共同研究が進み、同社は常温固化型・伸縮性ハ

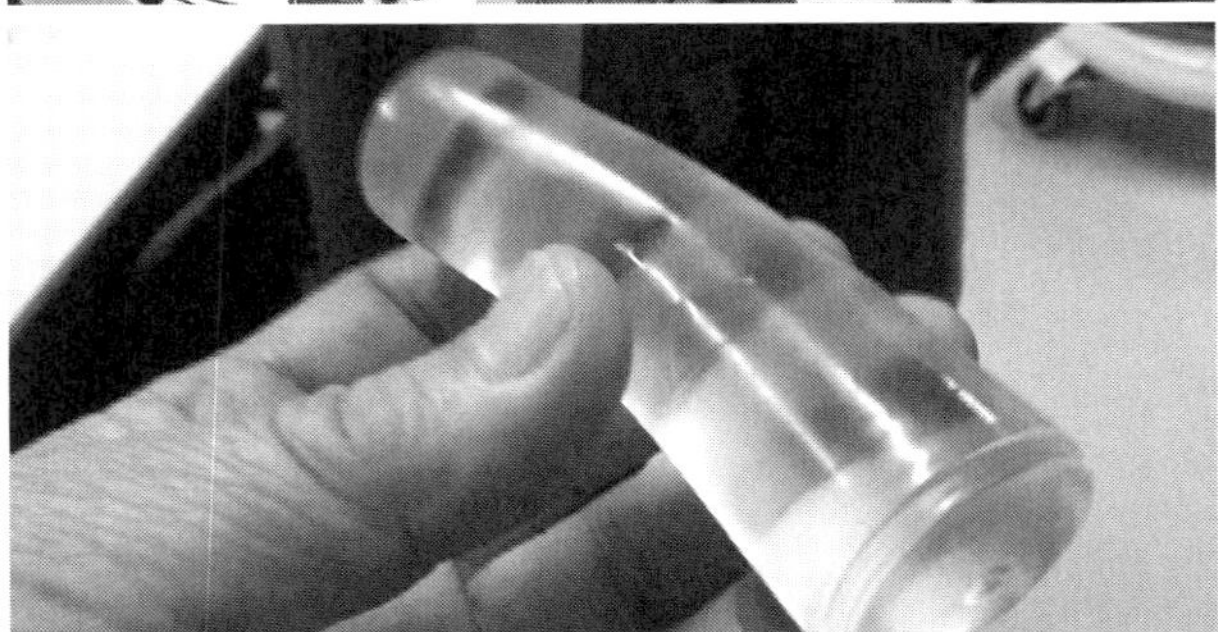

fig 11.1　上と中・渦磁石の説明をしてくれた十倉好紀さん。下・不思議な「固体の水」アクアプラスチック（写真・山根一眞）

イドロゲル「アクアジョイント」というブランド名で製品化にこぎつけた。その想定用途として、医療用材料、生活日用品、農業・園芸、土木・建設、緩衝材、廃棄物処理、分離用担体、電子・電気工業、玩具・ペット用品、環境調和素材などをあげているが、一般には理解しにくいかもしれない。初めてプラスチックを開発・発売したときに、その用途をアピールするようなものだからだ。

だが、これで自動車のボディを作れば接触事故で歩行者にダメージを与えずにすむし、石油タンクをこれで覆っておけば万一の火災時の延焼も防げる。食べても問題なければ、保存性の高い災害用の「食べる水」になる。十倉さんは、水には放射線防御機能があるので、福島第一原発の廃炉作業で役立つのではと語っていた。私は30年前からメーカーや研究者たちに「粉末の水」を開発すべきだと話してきたが、まさか、氷ではない「固体の水」が登場するとは思ってもみなかった。

●論文引用約8万件

ＣＥＭＳは「強相関物理」「超分子機能化学」「量子情報エレクトロニクス」という3部門からなる。これらの看板を見るだけで腰が引けてしまうが、あの固体の水は「超分子機能化学」部門から生まれている。

ＣＥＭＳが発足したのは２０１３年４月。当時の野依良治理事長が、理研には物質科学のセンターも必要だとして創設が決まり、「外部に向けた顔になるような精鋭」を国内外から集めた。センター長の十倉さんは、論文被引用回数が８万回という日本でも抜きん出た実験物性物理学者だが、被引用回数2万〜3万台という錚々たる研究者が一堂に会しているのである（２０１６年11月のデータ）。精鋭研究者はおよそ１６０人、大学などの学生も含め、約２００人が研究に取り組んでいた。

ところで十倉さんは、ノーベル賞の季節になると必ず名が出る研究者だ。２００３年（平成15年）に紫綬褒章を受章。２０１３年（平成25年）には恩賜賞・日本学士院賞（日本学士院）を受賞しているが、日本学士院はその業績をこう記している。

通常の物質では見られない性質を示す「強相関電子材料」を見出し、量子物性科学という新しい学問分野の創成に貢献しました。一般に、固体（例えば、金属や半導体）の中の電子は自由に波として振る舞いますが、固体中に多数の電子が詰め込まれると、互いに強く及ぼし合い、電子は金属のように動けるか、または固まって動けなくなる（いわゆる、絶縁体になる）かの臨界的な状態になります。この状態を強相関電子状態と呼びます。この状態にある物質は、外部から一寸した刺激によって、その物質の性質が著しく変わってしまいます。この変化を相転移といいます。例えば、通常は絶縁体ですが、外部磁場の刺激により相転移を起こして、金属になります。

十倉氏は、強相関電子材料としての高温超伝導体の物質法則を確立し、また超巨大磁気抵抗・巨大電気磁気効果の物質開発と機構を解明、さらに、強相関電子物質を用いた新しい電子デバイスの開拓に関しても、独創的な成果を次々と挙げ、基礎科学と産業応用の両面で多大な貢献をしています。

物質の中を自由に動き回る電子を、粒子と波という両面でその挙動をとらえ、自然界にはない磁場と組み合わせることで、まったく新しい物質を作る道を開拓してきた。ＣＥＭＳは、十倉さんが拓いたまったく新しい科学の拠点なのである。

●超伝導の一手

山根　ＣＥＭＳの気合の入りようは凄いですね。

十倉　基本的にはさまざまな創発の機能原理を探り、分子機能設計をし、物理とエレクトロニクスと化学を統合して、たとえば高効率のエネルギー貯蔵や変換を可能にしようということです。大事なことは、僕らは、今までの化学や技術の延長ではなく、まったく新しい原理を見出し、科学や技術を土台から変えるような仕事をやりたいということです。

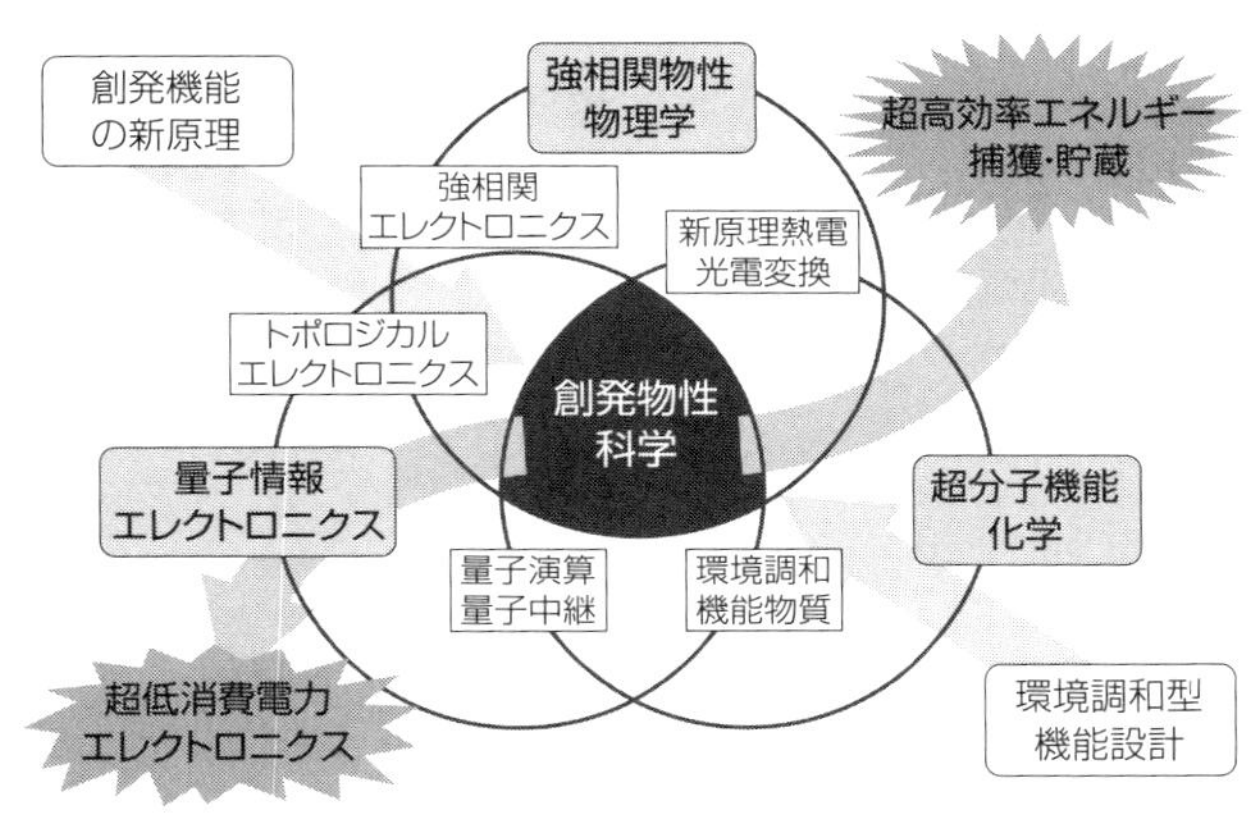

fig 11.2　創発物性科学の要素と目指すもの（資料・理化学研究所）

山根　戦前、仁科芳雄さんが必死にサイクロトロンに取り組んだのは、まったく新しい科学を目指したからですが、それに通じるような……。

十倉　加速器で取り組んでいる研究では、たとえば電子を加速したときに何が起こっているかをつきつめていくと、アインシュタインの相対性理論の世界に入っていくわけですが、僕らは物質中で相対論がきくような話を作っていこうとしているんです。素粒子物理学の人たちと、物性物理学の人たちが集まる国際シンポジウムなどでは、相対論的な話を「固体」に展開したらどうなるかという議論をしています。説明するのが大変難しいんですが、物性物理の最先端ではかなりとんでもない革命が進行中なんです。

山根　具体的には？

十倉　電気エネルギーが散逸しない、漏れていかない「ロスゼロ」で利用する方法を手にできる日が近づいています。その典型が超伝導です。超伝導の電力線は、抵抗ゼロで送電できます。かつて超伝導ではマイナス196℃の液体窒素で冷やしておかねばならなかったが、硫化水素を使うとマイナス70℃でも超伝導が可能であるという結果が出たんです。

山根　いつの話ですか？

十倉　ごく最近です。その実験結果の発見で大騒ぎになりました。硫化水素は火山性ガスに含まれる毒性のある物質ですが、これを地球の内部のような超高圧、超高温状態にしたあと、温度をマイナス70℃に冷やすと超伝導になることがわかったんです。

山根　超高圧が必要では実用にはほど遠い？

十倉　もちろん。しかし、超伝導状態が作り得るとわかったことが大事です。それなら、いずれ室温に近いところでできるはずだ、と考えるわけです。たとえばダイヤモンドは、地殻の中の超高圧、超高温状態で作られているが、ぱっと冷えるときれいな宝石になり、1気圧の状態で結晶を維持してキラキラと輝いている。地上のダイヤモンドのような状態を「準安定状態」と呼んでいますが、実際は熱力学的には安定ではなく壊れやすい状態なんです。高いエネルギーをかければバラバラになりますから。そこで、超高圧、超高温で超伝導になった硫化ヒ素を、ダイヤモンドのように1気圧の常温でも使える超伝導物質にするのが、物質科学者、物理学者の夢なんです。

●身につける太陽

ＣＥＭＳの３本柱のひとつ、「強相関物理」は、そういう新しい物質の創造を目指しているのだった。もっとも各チームの看板には、強相関理論、強相関界面、強相関物質、強相関量子伝導、強相関量子構造、創発物性計測、量子物性理論、計算量子物性、計算物質科学、電子状態スペクトロスコピーといった言葉が並び、またまた頭が痛くなるが。

十倉　第２の柱が「超分子機能化学」。先ほどの「アクアプラスチック」は、この部門の成果です。また、実用化は少し先ですが、有機物で作った太陽光発電シートの研究も着々と進んでいます。

山根　有機物の太陽光シートは何が利点ですか？

十倉　フレキシブルですし、人体に貼って発電することもできますから。

創発分子機能研究グループの瀧宮和男さんによれば、同グループが開発したポリマー（重合体＝樹脂などを構成する化合物が二個以上連結した高分子）、「ＰＮＴ－ＤＴ」を塗布型有機薄膜太陽電池に使うが、そのポリマーの分子構造（配向）を劇的に変化させることに成功。それによってきわめて高い太陽光のエネルギー変換を実現したという。

発電効率の最大は10パーセントで、現在普及しているシリコンのソーラーパネルにはおよばないが、理研のこの記録は世界トップだ。さらに発電効率が上がれば応用範囲はきわめて広くなるだろう。人工内耳や補聴器などからだに必須の電池問題が解決でき、スマホもうっかりの電池切れが解消。建物の外装に使えば、購入エネルギーゼロですむかもしれない。繊維にうまくなじませれば、着る発電ジャケットも実現。自動車や外洋航行船、航空機もぜひこれで覆ってほしい。

超分子機能化学部門は、創発ソフトマター機能、創発分子機能、創発生体関連ソフトマター、創発デバイス、創発ソフトシステム、創発機能高分子、創発生体工学材料の7つの研究チームからなるが、「アクアプラスチック」のように何が飛び出してくるか楽しみな宝の部屋だ。

●30年後の計算機

十倉　3つめの部門が「量子情報エレクトロニクス」、非常に新しいエレクトロニクスです。先の2つの部門、「強相関物理」と「超分子機能化学」が作った新しい材料を使い、新しい量子情報エレクトロニクス、とりわけ量子コンピュータを作りたいんです。

山根　量子コンピュータは、とてつもない計算速度が実現すると期待されていますが。

十倉　量子コンピュータができると、体育館ほどの広さに並ぶスーパーコンピュータが、ふつうの部屋くらいの大きさに、いやもっとコンパクトにできます。計算速度の劇的な向上だけでなく、圧倒的にエネルギーコストがいい点も重要です。スマホの普及もあってクラウドのサービスが大きくなっていますが、そのサーバーはアラスカのような寒い地域に置かれているでしょう。クラウドのサーバーが使用する電力エネルギーの大半は、クラウド情報のやりとりよりも発熱で消費されています。そのため、サーバーを冷却する冷房コストが低くてすむ寒い場所が選ばれているわけです。

山根　ドキュメンタリー番組でクラウドのサーバーを見ましたが、まるで巨大なコンピュータ団地でした。「Ｇｏｏｇｌｅ」は文明の必要悪じゃないかと感じましたよ。

十倉　量子コンピュータができれば、極めて高性能で高速計算ができると同時に、省エネの効果もきわめて高い。我々は、そのことを念頭において量子コンピュータに取り組んでいます。

山根　最近、カナダのベンチャー企業が、商用の量子コンピュータを発売開始というニュースがあり、日本はやられてしまったかと思ったんですが。

十倉　あれは、本当の量子コンピュータじゃないんですよ。古典コンピュータです。計算を速くするために量子力学の原理による計算方法を利用しているだけです。僕らは「イジングマシン」とか「量子アニーリング」と呼んでいますが、それは西森秀稔（にしもりひでとし）さん（１９５４〜・東京工業大学大学院理工学研究科教授）の研究室で生まれたものなんです。１９９８年（平成10年）、西森研究室の門脇正史さんと共著で発表した理論で世界に大きな影響を与えたんです。ホントの量子コンピュータの実現までには大変なハードルがあって、たとえば「誤り耐性」の克服には想像もできないほどの課題があるようですし。

山根　スーパーコンピュータの次は量子コンピュータだと言われて久しいですが。

十倉　それがくせもので、まだ20年、30年はできませんね。量子コンピュータに取り組んでいる同級生に、「死ぬまでに何とかなるか?」と尋ねたら「うー」と言っていました（笑）。

●来た、環業革命

山根　それでも、量子コンピュータはぜひ日本が先鞭をつけてほしいです。

十倉　その気概はありますから、この分野の中心人物は全部ここに集めています。

山根　理研はそこまでやるか……。

十倉　量子機能システム研究グループの樽茶清悟（たるちゃせいご）グループディレクターが中心になって取り組んでいます。固体素子を使った量子計算のアイデアを出したスイス人の研究者、ダニエル・ロスさんを量子システム理論研究チームのチームリーダーに迎えていますし。

山根　伺ってきて、ＣＥＭＳが目指しているのは、新しい産業革命なんだと感じています。

十倉　18世紀に始まった産業革命は、燃焼エネルギーを蒸気という力学エネルギーに転換することで始まりました。19世紀後半からは蒸気機関が動かす発電機が発生する電磁誘導による力を電気エネルギーに変換する時代になりました。20世紀半ばからは、核エネルギーによる原子力発電が登場。もっともこれは、蒸気による力学エネルギーから電気エネルギーへの電磁誘導変換は変わらないままですが。創発物性科学は、この200年以上続いてきたエネルギー利用とはまったく違う、固体電子を用いた光熱発電であり、省エネルギーです。環境に負荷をかけず、エネルギーを効率よく作り出し、一方でエネルギーの消費を極限まで低減する。

山根　究極のエコ社会をつくる産業革命を私は『環業革命』と呼んできましたが、まさにそれだ。

十倉　環境調和型持続社会の実現に創発物性科学が果たす役割はきわめて大きい。

山根　そうは言っても、基礎科学が実用技術になるには時間がかかりますよね。「創発物性」はまったく未踏の世界なので、次々にここから新製品が生まれるわけではないでしょう?

十倉　先を走り過ぎているので、追いつけない人が多いのも事実です。研究内容をもう少しブレークダウンしてはどうか、とか言われることもありますね。しかし、科学や技術は、裾野を広げ全体の底上げをすることも大事ですが、だれかが上を強く引っ張り上げ続けないと、社会全体の三角形は大きくならないでしょう。そういう頂点のつまみ上げは、理研だからこそできるんです。徹底してやれるところまでやっていきますよ。

おわりに

私がまだ幼稚園にあがる前のことだ。祖母が呼んだ植木屋さんが不思議なことをするのを見た。庭の小さな柿の木に別の柿の枝を「接ぎ木」したのだ。祖母は、「これで、甘い柿が実るようになるんだよ」と言うのだが、それは、人の手を切り、別の人から切り落としてきた手をくっつけるような不思議なことに思えて仕方なかった。「接ぎ木」は広く行われてきたが、その切断面では何が起こっているのか、そこにある細胞がどのようにして傷を修復しているのかを遺伝子レベルで解明しているのが、理研・横浜の環境資源科学研究センター、細胞機能研究チームのチームリーダー、杉本慶子さんだった。

杉本さんは、高等植物では初めて約2万5000という遺伝子の全解読が行われたあのシロイヌナズナを使い、その研究に取り組んでいた。そして、小さな傷を受けた植物が「イテっ！」と感じるや否や、傷を修復する細胞を作り出し、傷の再生を進める仕組みがわかったのだという。傷を修復するための緊急出動の「手続き書」はある遺伝子が持っているが、それだけではダメで、「手続き書」を受け取り「出動せよ！」とスイッチをONにするヤツがいた。杉本さんらは2011年（平成23年）に「スイッチON役」（WIND1＝傷口で細胞の脱分化を促進する転写因子）を発見し世界の注目を集めたのだが、解明できたメカニズムはまだ発表できない、と。

だがその話を聞いた私は、「スイッチON役」のメカニズムが解明できたのであれば、食糧増産につながる新しい農業が登場し、タイヤの素材として合成ゴムより優れている天然ゴムの効率的な生産が実現し、高級食材である松茸が安く手に入り、コチョウランをのぞいては計画的生産ができなかった多種多様なランが花屋さんの店頭に並ぶようになると、楽しい、わくわくするような夢を見させてもらった。その取材から2ヵ月後、理研はこういう成果発表をした。

2017年1月17日
植物が傷口で茎葉を再生させる仕組み
組織培養による植物の量産や有用物質生産に期待

杉本さんがチームの研究員である岩瀬哲さんとともに解明したあの「スイッチON役」（WIND1）のメカニズムがついに発表されたのだ。「やったぜ！」。多様なランが花屋さんの店頭に並ぶ時代に一歩近づいた……。

本書では、インタビューの時間をいただいたにもかかわらず紹介することができなかった研究が多かった。その最大の原因は私の力が及ばなかったことで何とも申しわけない思いだが、成果までもあと一息という研究ゆえに本書には書けなかったという例も少なからずあった。杉本さんの研究はそのひとつだが、成果発表はこの「おわりに」に間に合った。

本書では紹介することができなったテーマに、アルマ望遠鏡（アンデス山地の海抜５０００メートルに日米欧が完成させた66台のパラボラアンテナからなる巨大電波望遠鏡）による宇宙の解明がある。坂井 星・惑星形成研究室の准主任研究員、坂井南美さんによる成果だ。東京大学などとの国際共同研究チームによるものだが、理研が「惑星系円盤誕生における角運動量問題解決の糸口 アルマ望遠鏡で直接観測」という最新成果を発表したのも、私が坂井さんに会った３ヵ月後の２０１７年2月8日のことなのである。

新元素の合成からシロイヌナズナの2万５０００の遺伝子、新元素の合成、惑星系誕生の解明まで、理研の研究のフロンティアを聞き歩くうちに、古い短篇映像『Ｐｏｗｅｒｓ ｏｆ Ｔｅｎ』が思い浮かんだ。１９６８年（昭和43年）、アメリカの家具デザイナー夫妻が制作した9分に満たない作品だが、私たちを取り巻く宇宙の果てまでの巨大世界と素粒子までの極小世界への旅を、10の「べき乗」ごとの画像をつないで表現した作品だ。私という存在は巨大な宇宙誕生の結果として作られ、その作られた私という生命体は宇宙に匹敵する超微細な要素からなる巨大な仕組みで成り立っている。そういう宇宙観、生命観に目覚めさせてくれた映像だ。理研の研究者たちを訪ねながら、科学者たちの研究、仕事というのは、まさに『Ｐｏｗｅｒｓ ｏｆ Ｔｅｎ』の旅だなと思ったのである。

理研の取材を続けていた２０１６年11月、私は法事のために訪れた鳥取市で、クモに似たやたらに脚の長い不思議な虫、ザトウムシを２匹採集し、飼育・観察するため東京に持ち帰った。後、その１種がザトウムシ研究の第一人者である鳥取大学の鶴崎展巨（つるさきのぶお）さんの染色体検査によって、鳥取県では確認されたことのない種、大発見とわかり、翌12月に鳥取県生物学会で報告された。その鶴崎さんから、鳥取では数多く採集できるザトウムシ約90匹を理研の研究者に提供したことも聞いた。どういうことなのだろう。そこで理研取材の合間にその提供先である理研・和光の中村特別研究室の研究員、内山茂さんを訪ねたのである。内山さんは昆虫に生える不思議なキノコ、冬虫夏草が専門だが、ザトウムシに寄生する冬虫夏草の培養のために大量のザトウムシの成分が必要だったのだとわかった。

冬虫夏草は『本草綱目』（１５９６年刊）にも記載がある生薬で、１９７０年代に抗がん作用があることが明かにされている。２００５年（平成17年）には、当時の理研・生体超分子システム研究グループ、糖鎖発現制御研究チームの小堤保則さんが冬虫夏草に発見した「ＩＳＰ－１」という物質（免疫抑制効果を持つ）に、新たな発見をしていた。細胞の中で生命活動の基本を担う鎖状の物質、ＤＮＡとタンパク質とならび「第３の生命鎖」と呼ばれるのが「糖鎖」だが、ある種の「糖鎖」は細胞に異常を起こす（病気の原因）。だが、冬虫夏草の「ＩＳＰ－１」が、その「糖鎖」の働きを抑えることがわかったのだ。

内山さんの冬虫夏草研究がどういう方向に進むにせよ、その前提となる培養ができなければ研究は進められない。偶然、私があのザトウムシを発見したことで、生命科学の研究が、何とも地道な仕事の積み重ねだということを知ることができた。

3000人におよぶ理研の研究者たちが巨大世界、微小世界を探る日々は、それまでの常識をふり払いながら新しい発見を目指す長い長い旅路だ。大きな成果をあげ喜びを味わい、社会から喝采を浴びるのは簡単なことではない。しかし、大きな目標を設定し、予算を投じて最新の機器と研究環境を揃え、狭い分野にこだわらず異分野からも優れた研究者を集め強力なチームを作れば、多くの大きな成果が出せるのは明らかだ。大学ではできないこういう研究体制は理研だからこそで、それを理研は「総合力」と呼んでいる。

理研の組織は主任研究員研究室と2つのセンター群などからなる。センター群を構成するのは「基盤センター」と「戦略センター」だ。「基盤センター」は仁科加速器研究センター、計算科学研究機構（「京」）、放射光科学総合研究センター（スプリングエイトとSACLA）、ライフサイエンス技術基盤研究センター、バイオリソースセンターの5つ。この強力な「基盤」とともに、統合生命医科学研究センター、脳科学総合研究センター、多細胞システム形成研究センター、生命システム研究センター、環境資源科学研究センター、光量子工学研究領域、創発物性科学研究センター、革新知能統合研究センター、数理創造プログラムの9組織があり、さらに研究成果と産業界の連携を密にするために強力な産業連携本部がある。基盤の5組織と戦略の9組織がどうリンクし機能を果たしているのか、当初は実感できなかったが、取材を続けながら、栄養たっぷりで世界一の道具なら何でもござれという筋骨隆々の体の上に、創造を発揮できる巨大なうごめく脳が乗っかっているのが理研なんだと思えてきた。理研とは日本という国を支えていく巨大な生命体なのだ、と。

「科学や技術は、裾野を広げ全体の底上げをすることも大事だが、だれかが上を強く引っ張り上げ続けないと、社会全体の三角形は大きくならない。そういう頂点のつまみ上げは、理研だからこそできる」という十倉好紀さんの言葉には感銘したが、理研は「日本の脳」だからこそ、その頂点のつまみ上げが可能であり、理研はそれを目指しているのだ。

1980年代の初頭、幼稚園児だった娘に暗誦させていた座右の銘がある。

脳研究者で1981年（昭和56年）に、左右脳研究のスペリーとともにノーベル生理学・医学賞を受賞したデイビット・H・ヒューベル（1926〜2013）が『サイエンティフィック・アメリカン』1979年9月号の脳特集号に寄稿した「the Brain（脳）」の一節だ（日本語版は『日経サイエンス』刊、塚田裕三訳）。

コペルニクスは、地球が宇宙の中心ではないことを指摘した。

ガリレオは、空に星と惑星を見たが、天使は見なかった。
ダーウィンは、人間が他のすべての生物と関連したものであることを示した。
アインシュタインは、時間と空間、そして質量とエネルギーについてまったく新しい考え方を提出した。
ワトソンとクリックは、生物学でいう遺伝を物理学と化学で説明できることを示した。

人々に新しい世界観をもたらし、世界のありようすら変えることになったこれら科学上の偉大な発見は、すべて過去の知見を根底から覆して登場した。この一節は、ヒューベルが脳研究がこうした科学史上のブレークスルーに匹敵する重要な科学となるとして書いたものではあるが、それはあらゆる科学に通じることと思う。100年目からの理研という「生命体」が、壮大な野望を持ち続け、世界をひっくり返すような発見と成果をもたらしてほしいと願っている。

本書をまとめるに当たって多大な御協力をいただいた理化学研究所の皆さん、そして本書に取り組む機会をいただいた講談社ブルーバックス編集部の篠木和久さんに深く感謝しています。

山根一眞

N.D.C.061　238p　18cm

ブルーバックス　B-2009

理化学研究所　100年目の巨大研究機関

2017年 3 月20日　第1刷発行
2017年 4 月25日　第2刷発行

著者　山根一眞
発行者　鈴木　哲
発行所　株式会社講談社
〒112-8001　東京都文京区音羽2-12-21
電話　出版　03-5395-3524
販売　03-5395-4415
業務　03-5395-3615
印刷所　（本文印刷）慶昌堂印刷株式会社
（カバー表紙印刷）信毎書籍印刷株式会社
製本所　株式会社国宝社

定価はカバーに表示してあります。

ISBN978－4－06－502009－8

発刊のことば

科学をあなたのポケットに

二十世紀最大の特色は、それが科学時代であるということです。科学は日に日に進歩を続け、止まるところを知りません。ひと昔前の夢物語もどんどん現実化しており、今やわれわれの生活のすべてが、科学によってゆり動かされているといっても過言ではないでしょう。

そのような背景を考えれば、学者や学生はもちろん、産業人も、セールスマンも、ジャーナリストも、家庭の主婦も、みんなが科学を知らなければ、時代の流れに逆らうことになるでしょう。

ブルーバックス発刊の意義と必然性はそこにあります。このシリーズは、読む人に科学的に物を考える習慣と、科学的に物を見る目を養っていただくことを最大の目標にしています。そのためには、単に原理や法則の解説に終始するのではなくて、政治や経済など、社会科学や人文科学にも関連させて、広い視野から問題を追究していきます。科学はむずかしいという先入観を改める表現と構成、それも類書にないブルーバックスの特色であると信じます。

一九六三年九月

野間省一